奇妙的绿色环保

·生动的文字 ·缜密的思维 ·精彩的图片·

曾才友 ◎ 改编

上海科学普及出版社

图书在版编目（CIP）数据

奇妙的绿色环保 / 曾才友改编． ——上海：上海科学普及出版社，2018
（探索与发现）
ISBN 978-7-5427-7106-3

Ⅰ．①奇… Ⅱ．①曾… Ⅲ．①节能－青少年读物②环境保护－青少年读物 Ⅳ．① TK01-49 ② X-49

中国版本图书馆 CIP 数据核字（2017）第 283781 号

责任编辑　吴隆庆

奇妙的绿色环保

曾才友　改编

上海科学普及出版社出版发行

（上海中山北路 832 号　邮政编码 200070）

http://www.pspsh.com

各地新华书店经销　北京兰星球彩色印刷有限公司
开本 787mm×1092mm　1/16　印张 13　字数 180 千字
2018 年 8 月第 1 版　2018 年 8 月第 1 次印刷

ISBN 978-7-5427-7106-3　　定价 29.50 元
本书如有缺页、错装或坏损等严重质量问题
请向出版社联系调换

前　言

人类文明的脚步自人类诞生之日起就从来没有停歇过，直到一本名为《寂静的春天》书籍出版，人们才猛然发现，我们赖以生存的自然环境已经被严重破坏。

世界人口急剧增长，自然资源被消耗殆尽，能源危机、粮食危机、环境污染、气候异常、生态失衡等问题已经变得日益突出，严重影响着我们和子孙后代的生活，人类已经把自己逼进了一个必须做出历史抉择的重要关头，迫切需要进行一场"环境革命"来拯救自己的命运。

幸好，人们已经认识到了这一点，目前环境保护的绿色浪潮正在席卷全球，这一浪潮冲击着人类的生产方式、生活方式和思维方式。人类必须重新审视自己的行为，摒弃以牺牲环境为代价的黄色文明和黑色文明，建立一个人与大自然和谐相处的新的人类文明阶段——绿色文明。清洁生产、环境标志、环境保护运动、绿色消费……绿色已经进入经济、政治、生活的各个领域，人类正在绿化自己。

回顾绿色革命的历史进程，有很多的人、很多的日子、很多的事件值得我们铭记。那一个个里程碑将激励我们将这场革命进行到底。

展望新世纪，核能、地热能、海洋能、太阳能等新型能源将成为主

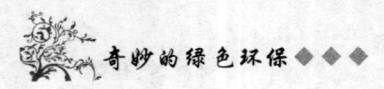

流能源；零排放汽车、氢燃料汽车等将成为人们的主要代步工具；生活垃圾、工业废水等将被回收利用，变废为宝；节能建筑、太阳能住宅等绿色住宅将成为可能；以节能减排为特点的新技术将被应用到各个领域。

　　尽管前面的道路是曲折的，但是我们坚信未来是美好的，拥有无穷智慧的人类一定会让绿色重新覆盖地球。不久的将来，我们的星球将会呈现郁郁葱葱、鸟语花香、人与动物和谐相处、万物欣欣向荣的美丽景象，让我们一起努力吧！

目 录
Contents

绿色革命及其进程
　　什么是"绿色革命" …………… 1
　　绿色革命的进程 ……………… 2

环境的治理
　　保护环境的先驱 ……………… 9
　　环境污染的分类及其治理 …… 11
　　各国在治理环境污染方面的
　　　措施 ………………………… 42

人类活动
　　人口惊人的增长速度 ………… 47
　　地球能容纳多少人 …………… 48
　　人口爆炸会发生吗 …………… 49
　　人类活动对自然环境的影响 … 49

粮食危机
　　世界粮食现状 ………………… 55
　　粮食短缺新类型 ……………… 56
　　水资源短缺是最直接原因 …… 57
　　耕地面积减少加剧粮食危机 … 59
　　各国之间的粮食争夺 ………… 60

　　解决办法 ……………………… 61

新型能源的开发
　　开发新能源的必要性 ………… 65
　　能源的分类 …………………… 66
　　潜力无限的新能源 …………… 67
　　日本是如何开发新能源的 …… 95
　　我国能源战略 ………………… 96

维护生态系统的平衡
　　维护生态平衡的重要性 ……… 97
　　动物在环保中的重要作用 …… 98
　　植物在环保中的重要作用 …… 101
　　湿地在环保中的重要作用 …… 113
　　土壤在环保中的重要作用 …… 115
　　海洋能减弱温室效应 ………… 116

绿色生产模式的推广
　　居室生态化 …………………… 118
　　生态农场 ……………………… 119
　　生态工艺 ……………………… 120
　　生态农业 ……………………… 121

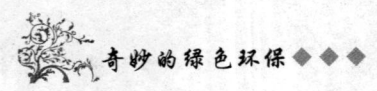

可持续发展战略的实施

什么是"可持续发展" …… 130

可持续发展思想的发展历程 …… 131

"绿色技术"的兴起 …… 133

"清洁生产" …… 135

"绿色营销" …… 136

绿色生活 …… 138

绿色消费 …… 147

绿色管理 …… 151

畅想未来 …… 153

绿色革命进程的里程碑

环保运动总览 …… 171

国际环境保护运动简介 …… 173

全球环境保护的发展历程 …… 177

全球环境保护运动浪潮 …… 180

女性参与环境保护 …… 183

风起云涌的校园环境保护 …… 185

中国环境保护的发展历程 …… 185

狭义的绿色革命 …… 192

有关社会经济领域内的绿色革命的争论 …… 194

世界最绿色城市 …… 198

世界最环保城市项目 …… 199

绿色革命及其进程

什么是"绿色革命"

广义的绿色革命是指在生态学和环境科学基本理论的指导下,人类适应环境,与环境协同发展、和谐共进所创造的一切文化和活动。

人类需要"进行一场环境革命"来拯救自己的命运,需要从对人类文明史的反思中建设一种新的人与自然和谐相处、可持续发展的文明。今天,一个环境保护的绿色浪潮正在席卷全球,这一浪潮冲击着人类的生产方式、生活方式和思维方式。人类将重新审视自己的行为,摒弃以牺牲环境为代价的黄色文明和黑色文明,建立一个人与大自然和谐相处的新的人类文明阶段——绿色文明。

绿色文明是对人类进入工业文明时期以来所走过的道路进行反思的结果。这些新观念的出现是历史的必然,是取代工业文明的新文明的核心内容。

绿色文明将是人类与自然以及人类自身高度和谐的文明。人与自然相互和谐的可持续发展,是绿色文明的旗帜和灵魂。

绿色文明观把人与环境看作是由自然、社会、经济等子系统组成的动态复合系统,以人类社会和自然的和谐为发展目标,以经济与社会、环境之间的协调为发展途径。

绿色文明道德观提倡人类与自然的和谐相处、协调发展、协同演化,

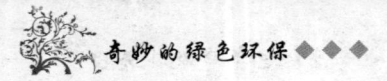

也就是说人类应理解自然规律并尊重自然本身的生存发展权；人类对自然的"索取"和对自然的"给予"保持一种动态的平衡；绿色文明既反对一味地顺从自然，也反对粗暴地统治自然。

绿色文明要求把追求环境效益、经济效益和社会效益的综合进步作为文明系统的整体效益。环境效益、经济效益和社会效益是应该而且可以相互促进的。如一个好的生态环境有利于人体健康和经济发展；经济发展则为生态环境保护和社会发展提供物质基础；而社会的健康发展又使人们的环境保护意识和生产能力得以增强。

绿色文明认为技术是联结人类与自然的纽带。同时，技术又是一把双刃剑，一刃对着自然，一刃对着人类社会，所以必须对技术的发展方向进行评价和调整。

绿色文明要求打破传统的条块分割、信息不畅通和拍脑门决策的管理体制；建立一个能综合调控社会生产、生活和生态功能，信息反馈灵敏，决策水平高的管理体制。这是实现社会高效、和谐发展的关键。

绿色文明主张人与人、国与国之间的关系互相尊重，彼此平等。一个社会或一个团体的发展，不应以牺牲另一个社会或团体的利益为代价。这种平等的关系不仅表现在当代人与人、国与国、社团与社团的关系上，同时也表现在当代人与后代人之间的关系上。

绿色革命的进程

人类之觉醒和第一次环境革命

美国海洋学家、环境学家蕾切尔·卡逊在《寂静的春天》一书中描绘了关于明天的寓言，深深地吸引了读者。原来，这个寂静的春天是化学杀虫剂造成的恶果。化学杀虫剂对自然环境、生物、人体健康、基因等都有可怕的影响，杀虫剂的致命效用是不区分对象的，滥用杀虫剂可能导致生命的毁灭。蕾切尔·卡逊的预言虽然没有完全变成噩梦般的现实，但它所凭借的确凿事实和科学根据，说明它并非虚妄之谈。它为大自然敲响的警告之钟,引起了人们的思考和行动。《寂静的春天》的影响远远超过了作者对它的最初期望,它掀起了一场环境革命,我们可以把它称之为触发人类觉醒的第一次环境革命。

随着重大公害事件在世界范围内频频发生,《寂静的春天》一书唤起了民众和政府的环境保护意识,而20世纪70年代的石油危机又使得西方工业国家陷入了严重困难,特别是资源短缺带来了各种经济和社会影响。全球范围内的能源、经济、生态问题日趋严重。世界面临人口激增、环境污染、粮食短缺、能源紧张、资源破坏等五大

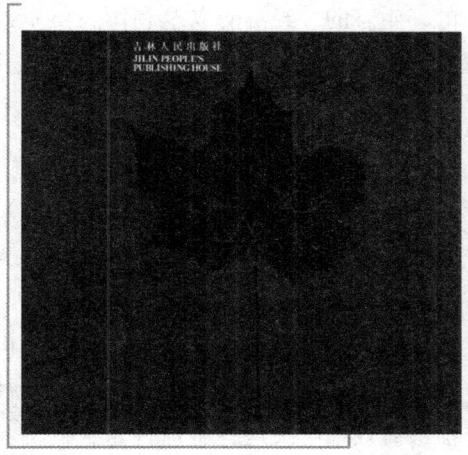

《寂静的春天》

问题,并引起了专家、学者和关心人类前途命运的有识之士的注意。

《寂静的春天》出版后,立即受到了人们的热烈欢迎和广泛支持。人们开始关注环境问题,开始考虑经济活动和政府行动对环境的影响。《寂静的春天》播下的第一次环境革命的种子深深植根于民众。当《寂静的春天》发行超过50万册时,美国的哥伦比亚广播公司为它制作了一个长达1个小时的节目,甚至当两大出资人停止赞助后电视网还继续广播宣传。由于民众的压力日增,政府也被迫介入了这场环境运动。1963年,美国总统肯尼迪任命了一个特别委员会调查书中的结论。结果证明,卡逊对农药潜在危害的警告是正确的。国会立即召开听证会,美国第一个民间的环境组织应运而生,美国环境保护局也在此背景上成立起来。

美国副总统阿尔·戈尔在为《寂静的春天》再版所作的前言里说:"在精神上,蕾切尔·卡逊出席了本届政府的每一次环境会议。我们也许还没有做到她所期待的一切,但我们毕竟正在她所指明的方向上前行。"是的,

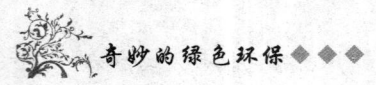

整个世界都在她指明的方向上前行。

第二次环境革命与可持续发展的提出

1980年3月5日，联合国向全世界发出呼吁："必须研究自然的、社会的、生态的、经济的以及利用自然资源过程中的基本关系，确保全球持续发展。"1983年12月，联合国成立了世界环境与发展委员会，挪威首相布伦特兰夫人担任委员会主席，负责制订一个"全球变革的日程"。要求提出到2000年以至以后的可持续发展的长期环境对策；提出处于不同社会经济发展阶段的国家之间广泛合作的方法；研究国际社会更有效地解决环境问题的途径和方法；协助大家建立对长远环境问题的共同认识，为之付出努力，确定出今后几十年的行动计划等。当时，布伦特兰夫人作为挪威首相还要负责处理国家日常事务，联合国的任命又十分沉重，整个目标看起来有些雄心勃勃、超过现实。整个国际社会也对世界环境与发展委员会是否能够有效地解决这些全球性重大问题持怀疑态度。但是，布伦特兰夫人决定接受这一挑战。既然对于这些根本性的严重问题没有现成的答案，那么除了向前走、去摸索解决方法外，别无选择。为了能够综合地、全面地考察环境问题和发展问题，为了能够综合不同发展阶段各个国家的利益和观点，为了能够更科学地反映复杂社会和环境系统，具有广泛背景的22位成员组成了一个工作委员会。他们来自科学、教育、经济、社会及政治领域。其中，14名成员来自发展中国家，以反映世界的现实情况。中国的生态学家马世骏教授也是委员会成员之一。由于委员会成员具有不同的价值观和信仰，不同的工作经历和见识，在如何看待和解决人口、贫困、环境与发展问题上，起初存在一些分歧意见，但经过长期的思考和超越文化、宗教和区域的对话后，他们跨越了文化和历史的障碍，于1987年4月提交了一份意见一致的报告——《我们共同的未来》，正式提出了要在全球范围内推广可持续发展的模式。

在《我们共同的未来》中，第一次明确地给出了"可持续发展"的定义，即"可持续发展是既满足当代人的需要，又不对后代人满足其需要的能力构成危害的发展"。这一概念有两层含义：一方面，我们需要发展以满足当代人的基本需要（尤其是贫困人民的基本需要）；另一方面，这种发展又应该以不破坏未来人实现其需要的资源基础为前提条件。简单地说，贫穷国家大多数人的基本需求——粮食、衣服、住房、就业等应该通过发展得到满足，但是如果这些满足是通过破坏资源和环境基础来实现的，如砍伐森林、过度捕捞渔业资源、造成严重的环境污染等，那么这种发展就是不可持续的。对那些经济发达国家来说，保持他们高消费的生活方式，意味着对生态环境和资源的更大压力，那么这种消费模式也是不可持续的。

可持续发展并不等于一切停滞不前，保持现状。对那些尚未解决人们温饱问题的发展中国家而言，为了提高人民的生活水平，满足人们的基本需求，发展是必须的、紧迫的。为了满足基本需求，不仅需要那些穷人占大多数的国家的经济增长达到一个新的阶段，而且还要保证那些贫穷者能够得到可持续发展必须的自然资源的合理份额。

在我们满足当代人的需求之时，不论是满足富国的需求还是满足穷国的需求，都应该想到我们所拥有的地球，不是从祖先那里继承来的，而是从子孙后代那里借来的。因此，我们必须考虑到后代人的利益。1992年的世界环境与发展大会上，13岁的加拿大女孩塞文·苏左克发表了一次感动世界的讲演。她说："我们没有什么神秘的使命，只是要为我们的未来抗争。你们应该知道，失去我们的未来，将意味着什么？……请不要忘记你们为什么参加会议，你们在为谁做事。我们是你们的孩子，你们将要决定我们生活在一个什么样的世界里……"这是一个孩子对恣意挥霍自然资源的父辈们的请求和呼吁。

《我们共同的未来》明确提出了一些急需改变的领域和方面，这些问题可以概括如下：

改变生产模式

工业是现代化经济的核心，也是社会发展不可缺少的动力。通过原材料开发和提取、能源消耗、废物产生、消费者对商品的使用和废弃这一循环过程，工业及其产品对文明社会的资源库产生了影响。这种影响可能是积极的——提高了资源质量或扩大了资源利用范围；也可能是消极的——

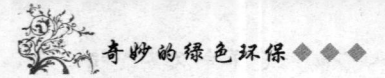

即生产过程和产品消费过程中产生了污染、导致资源耗竭和资源质量下降等问题。如果工业发展要长期持续，就必须从根本上改变发展的质量。根据联合国工业发展组织的报告，如果发展中国家工业品的消费水平上升到目前工业化国家的水平，则世界工业产量必须提高2.6倍。如果人口增长按预计的速度发展，到21世纪某一时期世界人口大致稳定时，世界工业产量预计需要上升5~10倍。这种增长将给未来的世界生态系统及其自然资源基础带来严重影响。因此，工业和工业过程应该向以下几个方面发展：更有效地利用资源、更少地产生污染和废物，更多地立足于可再生资源而非不可再生资源；最大限度地减少对人体健康和地球环境的不可逆转的影响。

适度的消费模式

全球可持续发展要求较富裕的人们能够根据地球的生态条件决定自己的生活方式。只有各地的消费模式重视长期的可持续性，超过最低限度的生活水平才能持续。可持续发展要求促进这样的观念，即鼓励在生态环境允许的范围内的消费标准和所有的人可以遵从的标准。这些话看起来有些晦涩难懂，但核心只有一个：人们的消费方式应该与生态环境的承载力相一致，发达国家高消费的生活模式对资源施加了太大的压力；这种消费模式不应该受到鼓励和支持，而应该予以改变。同样，存在于发达国家和发展中国家以及不发达国家的某些消费方式也是需要改变的。

综合决策机制

许多需要对人类发展问题进行决策的机构，基本上都是独立且分散存在的。它们往往只考虑部门内部的职责，按照各部门的要求行事。例如，负责管理和保护环境的机构与负责经济的机构在组织上是分开的。有些部门的政策对部门的目标有利，对环境却是有害的。政府往往未能使这些部门对其政策造成的环境损害负起责任来。举例来说，过去工业部门只负责生产产品，而污染问题留给环境部门去解决。电力部门只管发电，酸性尘降等问题也让其他专门机构去处理。国家实行一项政策措施，也很少考虑该政策对环境的可能影响，一旦产生不良环境影响再做修补工作。这些事后的修补常常需要很高的费用，而且，一些生态影响是不可挽回的。因此，在各个部门行使自己的职责时应该将生态和环境的利弊综合考虑进去，进行综合决策，就可以避免可能的环境后果。这种综合决策机制，目前在全球范围内受到极大重视，研究者和决策者都在试图通过这种综合决策机制，寻求一种既能满足经济发展要求，又能对环境进行妥善保护甚至是改善的"无悔政策"或"双赢政策"。

人口问题

在世界的很多地方，人口的高速增长超过了环境资源能够长期支持的数量。粮食、能源、住房、基础设施、医疗卫生和就业等都赶不上人口的增长速度，现在的问题不在于人口数量多大，而在于人口的数量和增长率怎样才能与不断变化的生态系统的生产潜力相协调。人口控制对稳定生态环境和减缓资源基础耗竭非常重要。政府应该制订人口政策，通过各种形式来实现人口控制目标，并通过社会、文化和经济手段实施计划生育，不仅控制人口的数量。同时改进人口的整体质量。

粮食保障

该报告指出，目前全世界的人均粮食产量比人类历史上任何时期都要高，但由于粮食生产和分配的不均衡，仍然有11亿人无法得到足够的粮食。世界的农业发展并不缺乏资源，而是需要保证粮食生产以满足人们的需要。通过充分利用人类已经拥有的关于农业生产方面的技术，制订粮食供给和生活保障的新政策，可望实现保障世界粮食充足供给的目标。

能源消费

取暖、煮饭、制造产品、交通运输等人类生活中最基本的服务都是能源提供的动力。目前，人类主要依赖于矿物燃料和薪柴。矿物燃料的使用面临着耗竭的困境，据估计，石油可利用50年；天然气可利用200年；煤炭可利用3000年。同时，矿物燃料燃烧还带来了严重的污染问题：温室气体二氧化碳的大量排放、酸雨问题、颗粒物和氮氧化物等大气污染物的排

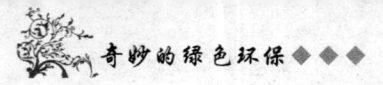

放等等，都与矿物燃料的生产和消费过程相关。因此，提高能源效率、节约能源、开发可再生能源（如水电、太阳能、风能、生物燃料等）将会帮助我们解决能源问题，实现可持续发展。

另外，《我们共同的未来》中还探讨了国际经济对发展和环境的作用，如何管理人类的共有资源（海洋、外层空间、南极洲），如何建立一个安全稳定的国际秩序，国际机构在走向可持续发展道路中的地位和作用，公众参与的必要性、环境投资等问题。

可以说，《寂静的春天》掀起了第一次环境革命，辩论的焦点是环境质量与经济增长之间的关系，人们开始意识到环境问题，重视环境污染，并努力采取技术措施减小环境污染的损害；《我们共同的未来》则标志着第二次环境革命的到来，它重新界定和扩大了许多原有的概念，提出了可持续发展这一人类发展模式，并使得可持续发展成为第二次环境革命中最引人注意的词语。它是人们对人类社会发展模式与环境关系的进一步思考和探索，辩论的焦点则转移到怎样达到有利于环境的经济增长的讨论上。它从环境保护的角度来倡导保持人类社会的进步和发展，号召人们在增加生产的同时，必须注意生态环境的保护和改善。它明确提出要变革人类沿袭已久的生产方式和生活方式以及决策机制，调整现行国际经济关系，并大声呼吁旨在动员民众参与的环境运动。在报告的最后，委员会宣称："以后的几十年是关键时期，破除旧的模式的时期已经到来。用旧的发展和环境保护的方式来维持社会和生态的稳定的企图，只能增加不稳定性；必须通过变革才能找到安全。"

这场变革已经开始，为了拥有一个美好的未来，世界各国正在合作中寻找一条符合自己国情的可持续发展之路。于是，在1992年，联合国在巴西的里约热内卢召开了"联合国环境与发展大会"，树立了环境和发展相协调的观点，并提出被世界各国普遍接受的可持续发展战略。可持续发展不仅成为理论学家和政治家必说的名词，而且，通过各国制定的可持续发展行动计划，它已经成为当今规模最浩大的实践活动。

环境的治理

保护环境的先驱

最早提出保护环境的是美国女生物学家蕾切尔·卡逊。20世纪40年代,卡逊和几名同事注意到政府滥用DDT等新型杀虫剂的情况,并对此发出警告。从1955年起,她花了4年时间研究化学杀虫剂对生态环境的影响。她不辞辛劳地奔走于大面积施用过化学杀虫剂的地区,亲自观察、采样、分析,并在此基础上写成了《寂静的春天》一书。

《寂静的春天》生动地描写了人类生存环境受到严重污染的景象,阐明了人类同大气、海洋、河流、土壤、生物之间的密切关系,揭示了有机氯农药对生态环境的破坏。它告诫人们,人类的活动已污染了环境,不仅威胁着许多生物的生存,而且正在危害人类自己。书中明确提出了20世纪人类生活中的一个重要课题——环境污染。

《寂静的春天》出版后,在世界范围内引起了轰动,很快被译成多种文字出版,并在读者中产生了深远的

蕾切尔·卡逊

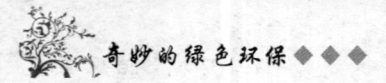

影响。不久，环境保护运动便蓬蓬勃勃地开展起来了。

20世纪60年代初，卡逊继续从事研究工作。由于劳累过度，又因长期接触化学药剂，她受到感染，患了癌症。1964年，卡逊告别了人世。她把自己的一切都献给了拯救环境的事业。

1992年11月18日，全世界有1575名科学家（其中99人为诺贝尔奖获得者）就环境问题向世人发出警告：扭转人类遭受巨大不幸和地球发生突变的趋势，只剩下不过几十年时间了。他们还起草了一份文件——《世界科学家对人类的警告》，文件开头就说："人类和自然界正走上一条相互抵触的道路。"这份文件将臭氧层变薄、空气污染、水资源浪费、海洋毒化、农田破坏、动植物物种减少以及人口增长列为最严重的危险。事实上，这些因素已危及地球上的生命。

环境科学工作者把地球上的环境污染问题概括为八大要素：1. 酸雨。它破坏植物气孔，使植物丧失均衡的光合作用，它还使江湖里的水质酸化。2. 空气中二氧化碳浓度增加，致使地球的气温上升，自然生态失衡。3. 大气臭氧层被破坏，太阳光中的紫外线对地球生命构成威胁。4. 化学公害。全世界已经商品化的化学物质有67万种，其中有害的化学物质为1.5万种，每年有50万人因使用不注意或废弃物处理不当引起中毒。5. 水质污染。世界每年有2500万人因水污染而死亡，约有10亿人喝不到洁净的水。6. 土地沙漠化。因森林的毁灭、过度放牧和耕作，土地不断碱化沙化，全球每年约有700万公顷的土地变为沙漠。7. 热带雨林不断减少。由于乱砍滥伐、自然与人为的火灾等因素，地球上每年约有1700万公顷热带雨林被毁，约占地球总面积的0.9%。8. 核威胁。1991年，全球有26个国家的423座核电站在运行，到20世纪末，又增加100多座。核废料丢向大海，已经直接威胁到海洋渔场。地球上还有5万枚核弹头遍布世界各地，随时威胁着人类的和平与生存。

由此可见，促使地球"衰老"，危及地球生命的因素，均来自人类对环境的破坏行为。难怪在联合国召开的环境与发展大会的开幕式上，时任联合国秘书长加利建议全体代表肃立，为地球静默2分钟。这2分钟的静默，代表全人类在忏悔、在反省、在思索：我们只有一个地球，人类的未来取决于我们今天的抉择。

环境污染的分类及其治理

森林、草原、江河、海洋、高山、大气等等，都是自然界长期演化的产物，同时，又是人类和其他生物赖以生存的环境。在历史的长河中，人类的活动——从原始人的刀耕火种到现代人的围湖造田、堵江修坝，无时无刻不在影响和改变环境。人类以其聪明的才智创造了光辉灿烂的现代文明，人类不断战胜自然。然而不幸的是，人类非凡的能力却同时表现出非凡的破坏力。

人们发明了破浪的轮船和潜艇，奔驰的火车和汽车，登天的飞船、卫星和航天飞机，甚至登上了月球。但与此同时，人们也把放射性微尘、工业废气、有毒的农药等污染物撒遍了世界和宇宙空间的各个角落。

人们建起了宏伟的摩天大厦、精美的公园、各种各样的建筑，但也制造了大片的荒漠，消灭了大片美丽的森林和草原。

人们培育、改造了许多动植物品种，使农作物、树木和禽畜更快地生长，但也消灭一大批珍贵的生物品种。

随着人口不断地增加，环境的恶化日胜一日。生态环境以其患病之躯，维持着人类和生物的生存，对人类的威胁日益严重。

什么是环境污染

自然环境及其组成要素（如水、空气、土壤等）受到人类生产和生活活动所产生的化学物质、放射性物质、病原体、噪声、废热、废水、废气、尘渣等污染到一定程度时，就会超出自然环境的自净能力，以致危害人体健康、影响生物的正常生命活动，这种现象称为环境污染。例如，将大量工业废水未经处理就排入附近河流，造成鱼类死亡，人畜生病，使附近环境受到污染。环境污染的原因主要是工业"三废"的任意排放、化学农药和化学肥料的不合理使用等造成的。环境污染所造成的影响和危害很大，直接危及人类的生存，因此防止环境污染是全人类一项非常重要的工作。

水体污染

河流、湖泊、海洋及地下水，统称为水体。使水体中的水和底泥发生物理、化学性质以及生物群落的组成等方面的变化，以致降低了水体的使用价值，这种现象称为水体污染。

事实上海洋污染不仅有石油污染，还有其他污染，并且污染的途径是多方面的，大致有三大方面：由陆地河川流入大海，主

垃圾充斥的水面

要有工业废水、生活污水、农药及其他污染物；先排入大气中，再随雨、雪等降入海中，如各种大气污染物及放射物质，直接向海中排放或丢弃污染物，如油轮泄漏、海上钻油作业时泄油、战争时期油泵被炸。伊拉克侵略科威特触发的海湾战争期间，即发生了油泵站被炸导致大量原油泄漏的重大污染事件。

黑色的魔鬼

工作人员正在查看海水的污染情况

1967年3月下旬，位于英国康沃尔海岸到锡利群岛之间的马温特海湾，到处都是一片阴惨惨的死亡之景象。螃蟹、海胆、鳌虾和各种鱼横七竖八，陈尸在海滩，空气中弥漫着令人作呕的腐臭味。向大海望去，再也见不到湛蓝的海水，映入眼里的是一大片酱黑黏稠的原油。

这到底是怎么一回事？原来是当月18日，一艘美国的超级油轮"托里·卡尼"号不慎碰触在名叫"七块石"的暗礁上，8个油槽当即损坏了6个，石油大量泄漏出来。为了打通航道，最后干脆用飞机炸沉了油船，所载的10多万吨原油全部泻入大海。类似的事件不断发生。1978年3月16日，一艘更大的海轮"卡吉斯"号在比斯开海湾触礁，最后22.3万吨原油全部流入海中。几天内，人们就捡到了4500多只死海鸟。16天内，共出现了数百万只死了的海洋软体动物。石油，这个"黑色的金子"，在海洋中充当了黑色魔鬼的角色。

海豚之死

海豚是一种高智力的海洋动物，经过训练，能够在水中进行一系列精彩的表演。它们在海洋中，经常成群结队地嬉戏追逐。有时你会看到海豚兴高采烈地推着黑色的块状物，玩得挺高兴。但突然间，只见海豚在拚命地挣扎，身子向下沉去，还发出吱吱的呼救声。于是旁边的海豚就赶去营救它，将受伤海豚托到海面，似乎是想让伤者呼吸到新鲜的空气。但可惜已经晚了，黑色的块状物塞满了海豚的鼻孔，可怜的海豚在窒息中慢慢地死去了。

原来海豚推的黑色块状物是焦油团块。在氧气供给充足的海区，流入海中的石油在氧化作用下，变成由沥青残渣组成的焦油团块，漂浮在海上。

人们抬走被石油窒息而死的海豚

许多团块有足球般大，能在海面上随海流长期漂流，遇上"贪玩"的海豚或鲸鱼，就会堵住鲸鱼的喷水孔或海豚的呼吸器官。在美国圣巴巴拉油污事件中，就有4头海豚和5头鲸鱼不幸致死。另外，油污染形成的颗粒状石油下沉到海底时，常常会堵住海底软体动物的出入水管，使它们窒息而亡。海洋中大大小小的油块和油颗粒，实在是海洋动物的大敌。

赤 潮

圣经《旧约·出埃及记》中有这样的描述："河里的水都变作血了，河里的鱼死了，河也腥臭了……"这里所说的就是"赤潮"现象，主要发生在近海海域。近年来我国天津市的近海就发生过赤潮。日本的濑户内海，自20世纪60年代以来赤潮越来越严重，1975年一年就有300次赤潮，仅1972年8月的一次赤潮中，就死了1428万尾鱼，损失约71亿日元。

能形成赤潮的浮游生物种类很多，已知的有60多种，如常见的裸甲藻、腰鞭毛虫、棱角藻、原甲藻等。这些生物主要分布在离海面几十厘米到1米左右的海水表层。赤潮的颜色由形成赤潮时占优势的浮游生物种类的颜色所决定，如果红色浮游生物占优势，海水就是红的。

海洋受到有机物污染，致使氮、磷、碳等营养物质大量增加，造成海

赤 潮

洋富营养化,为赤潮生物提供了丰富的营养物,是形成赤潮的根源。濑户内海仅从 1962~1969 年的 7 年之间,就增加氮 1.7 倍,磷 1.9 倍,赤潮生物同时猛增,海水就越变越红了。

农药污染

人们为保护农作物和水生生物资源不受病、虫、草害而大量连续使用农药,特别是一些剧毒、高残留农药的逸散造成对空气、水体、土壤等环境的污染。化学农药施用后,大部分由于风吹、雨淋、日晒和高温挥发而逐渐消失。但仍有一部分黏附在农作物的叶片上,被吸收或渗入植物体内;一部分渗入土壤和水中,又被植物的根部摄取;一部分则散布到大气中,随雨水又进入土壤和水中被植物摄取。这些被植物、水生生物、鱼类、禽、畜摄入体内的有毒农药(称为农药残留),可通过食物链逐步富集,并通过粮食、蔬菜、水果、鱼虾、肉、蛋、奶等食物进入人体,造成危害,这就叫农药污染。

农药对防治病虫害、提高粮食产量十分重要,但同时它又给环境带来污染。全世界年产农药有数百万吨,品种达 1000 种以上,常用的也有 200 多种。造成污染的主要是有机氯、有机磷和有机氮农药。

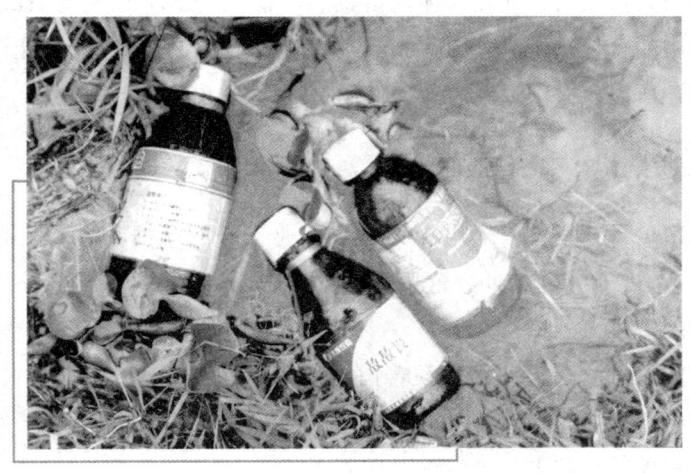

农民使用过的农药瓶

农药主要通过消化道摄入饮食进入人体，也可以经由呼吸道和皮肤进入人体，从而引起人的急慢性中毒，危害人的神经系统、内分泌系统，影响人的免疫功能、生殖机能，还可以致畸、致突变和致癌。

一般来说，短期内大量摄入农药引起急性中毒，是由突发性事故造成的。而农药在人体内的蓄积和对人的慢性毒害，则是由于人长期摄入的动物和植物性食品中，早已富集了较高浓度的农药。所以防止农药对人体造成危害，首先要防止农药排入环境，进入人食用的动植物体内。为此，应以安全、合理和适当的方式施用农药，研制高效、低毒、低残留的新型农药，并积极采用生物法防治病虫害。

杀虫剂是消灭害虫之宝。如1939年制成的杀虫剂DDT，为人类消灭可怕的传染病——斑疹伤寒，立下了大功。但长期过量使用的结果，使传播斑疹伤寒的媒介——虱子，产生了抗药性。

更严重的是，过量使用杀虫剂，长期积累下去，会造成环境污染。科学家们发现，许多种类的鱼体内都含有相当高浓度的DDT，比水中的DDT多得多。这种水中DDT含量少而在鱼体内逐渐达到很高含量的结果，叫做DDT在鱼体内的富集。DDT不仅在鱼体内，也会在粮食、蔬菜、水果及其他动物性食物中富集，这就造成了食物污染。

食物被人食用后，又在人体内富集。经检测，DDT在人的血液、大脑、肝和脂肪中的含量比是1∶4∶30∶300。大量DDT进入人体，就可能严重损害人体健康。所以，必须适量有效地使用DDT等杀虫剂。

水俣病事件

水俣市是日本南方一个风光秀丽，渔业兴旺的滨海小城，它在九州的南部。20世纪50年代初期，这里却好像降临了什么妖魔，给这座小城带来了一连串的灾难。

蔚蓝的大海上泛起一片片翻着白肚皮的死鱼；明亮的天空中，飞翔的海鸟飞着飞着突然坠落海中；更有城里的猫儿，一只只都像中了邪，浑身抽搐，疯狂地转来转去，最后跳海自杀。

灾难很快降临到人的头上。一些人像跳海的猫一样，时而疯狂暴躁，

◆◆◆ 环境的治理

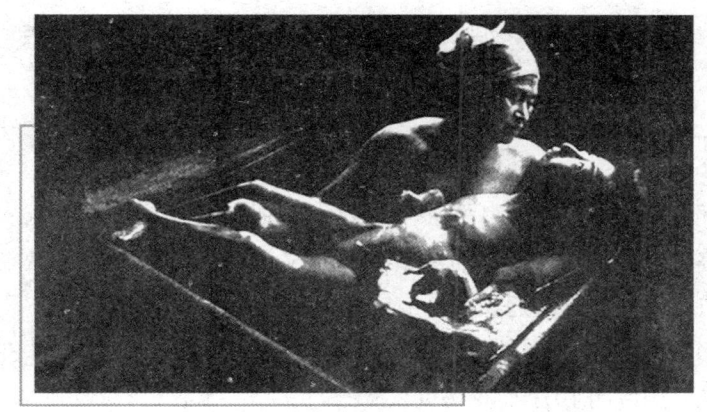

日本水俣病事件中的悲惨一幕

时而呆痴,长睡不醒,四肢麻木,神经错乱,最后痉挛而死。1956年开始出现这种病例时,人们不知病因,医学上只能把它称为水俣病。很快日本就有千余人因此而死去,惊动了整个世界。最后人们找出了致病的原因,是上游排污造成的中枢神经汞中毒。

原来,工业发展后,许多工厂向海水中排放工业污水。许多金属汞也随着污水进入海洋生态系统。浮游生物及贝类、虾、鱼首先吃进许多汞,接着是鸟、猫,最后是人。汞沿着海洋和滨海生物的食物链"旅行"。

汞的可怕,不仅在于它有毒,而且在于它在生物体内不会被分解、排出,而是不断地累积。从虾到鱼到猫到人,汞沿着食物链一级一级传递,剂量一级一级地增大。生态学上把这种现象称为生物富集作用。汞的无机化合物在一些厌氧微生物的作用下,可以形成毒性很大的甲基汞,使人或生物中毒死亡。甲基汞还可以通过胎盘使胎儿中毒,形成痴呆儿或残疾儿。

汞原来主要以矿物状态存在于生态循环之外,由于人类的生产活动,它被释放出来,然后进入生态循环中。正是人类给自己带来了灾祸。

骨疼痛

类似的情况还有"骨疼痛"。此病患者骨质脆弱,容易发生骨折,甚至打个喷嚏都可能引起肋骨断裂。由于身上多处骨折,病人疼痛难熬、日夜哀号。闻者无不毛骨悚然。医务工作者曾从一名死于骨痛病的患者身上查

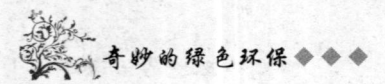

出 73 处骨折。这种病最初也在日本出现,患者多系妇女,病因是含镉废水污染了水源,人又食用了用污水灌溉的稻米和大豆所致。

DDT 的功过

汞和镉等物质存在于自然界中,因为人把它们释放出来,进入生物循环,最终危及人类自己。然而更具讽刺意义的是人类靠聪明才智创造出来的本来自然界并不存在的物质,也反过来损害人类。

人们很熟悉的 DDT,是 1942 年面世的一种有机氯农药。瑞士化学家保罗·米勒,因发明 DDT 而获诺贝尔奖。

DDT 的使用曾给人类带来巨大的福利。20 世纪 30 年代初期,人们便发现 DDT 的杀虫效用。第二次世界大战期间,作为保密的军事物资被军事部门用来防治传染疾病的害虫。据报道:1943 年,意大利的拿波里被盟军攻占。这年冬天,斑疹伤寒流行。后来用 DDT 喷洒士兵的衣服,把传染疾病的虱子杀光,才使斑疹伤寒得到控制。DDT 被用来杀灭传播疟疾、伤寒、黄热病、脑炎等的蚊子、虱子等,对于控制这些传染病的流行,增进人类的健康,起了重要的作用,后来 DDT 用来作为防治农作物害虫的一种杀虫剂被广泛地使用,它控制了一系列毁灭性虫害,对农业的高产稳产作出了贡献。

20 世纪 50 年代,一些鸟类学家开始怀疑 DDT 的"奇功"。他们发现一些鸟类正在莫名其妙地减少。鹰、游隼等猛禽的雏鸟,也一年少于一年。但一直到 20 世纪 60 年代,科学家们才查到了 DDT 危害鸟类的确凿证据。原来某些种类的雌鸟体内如果有了一定量的 DDT,就会产薄壳蛋,使胚胎很难正常发育,有一些鸟类的出生率因此几乎降到零。

人们很快发现,DDT 几乎侵害了地球上每一个角落的生命。它能引起大白鼠不孕,使鱼的受精卵一孵化就死去,它造成家畜、家禽的中毒事故。甘美的母亲乳汁中,发现了 DDT 的"魔影"。有的妇女由于体内 DDT 作怪,引起排卵受阻,不能生育。风行一时的 DDT,今天已经被多数国家禁止使用。然而它的残毒仍然在任何角落里都可以找到。因为 DDT 不易分解,又比较容易扩散,如果长期使用,可以在施用地千里之外的空气里、土壤和动物体内找到它的踪迹。例如,人们并没有到南极大陆去喷洒DDT,而从来未离开南极的企鹅,肥胖的身躯中也积累了DDT。北极熊的体内也查出了DDT。在靠近北极的格陵兰冰区1500平方千米的地方,每年沉淀的DDT就达300吨。

在生物世界内部,DDT沿着食物链扩散到四面八方。植物不可避免地吸收一部分DDT。动物也难免把植物体内和表面的DDT吃入肚内。栖于水中的鱼虾、禽兽,直接从江海中吃进DDT。然而危害更深的是通过生物的富集作用,使DDT像生物体内汞的累积那样,越积越多。当水中10亿分之0.003的DDT被浮游生物吸收,含量就会比原来富集1.3万倍,小鱼吞食浮游生物,体内含量富集17万倍,大鱼吃小鱼,富集到66万倍,水鸟吃了大鱼,富集到833万倍,而人吃了被污染的鱼,体内含量就会富集到原来水中含量的1000万倍以上。

除DDT外,还有一些农药和有毒的物质同样会通过生物的富集作用危及人类。

噪声污染

受噪声伤害最大的自然是人的耳朵。测定表明,在高噪声车间里,由噪声引起耳聋的发病率一般达50%~60%,最高可达90%。噪声危害人的神经系统、心血管系统,长期在强噪声环境中工作的人,高血压发病率比其他人要高好几倍。许多人听到噪声会心情烦躁,反应迟钝,易出差错。

难以忍受的噪声

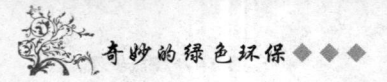

据调查，噪声级由 50 分贝降到 30 分贝，电话交换台的差错可减少 42%。噪声对动植物都有影响，它能搅得母鸡不下蛋，搅得花儿迟开花。

目前世界上由噪声引发的法律诉讼案件，已居所有公害污染事件的首位。

6000 只鸡之死

飞机发出的强噪声，会使鸟儿的羽毛脱落，不下蛋，有的会发生内出血，导致死亡。这种事例常有发现。

最严重的一例发生在美国俄克拉荷马市。20 世纪 60 年代初，美国空军的 F104 喷气机在该市上空进行超声速飞行试验，每日在 1 万米高的空中飞 8 次，共飞了 6 个月。在强烈的轰鸣声中，地面上一个农场的 1 万只鸡死了 6000 只。化验结果显示，死鸡大脑中的神经细胞与未受强噪声袭扰的鸡的神经细胞相比较，两者有本质的区别。前者神经细胞中一种叫"尼塞尔"的物质，比后者显著地减少了。

还有一个调查事例显示，处在吵闹环境中的儿童，其平均智力比处在安静环境中的儿童的平均智力低 20%。

上述两个事例，说明噪声对生物大脑的危害，最严重时可以破坏脑细胞，导致死亡；轻微时也可能降低脑的功能，损害人脑的智力发育。

空气污染

什么样的空气才是新鲜的

空气和大气，从自然科学角度来看并没有实质性差别，常常作为同义词。但在环境科学中，对于较小区域如车间、居室、市区、山区等供动植物生存的气体，习惯上称之为空气。而对大区域和全球性的气流，则常称之为大气。大气的总质量约为 6000 万亿吨，相当于地球质量的 1/1000000。大气的厚度约 1000 千米，其中人类赖以生存的空气主要是地面 10 千米～12 千米范围内的那一部分。在我们的日常生活中，不同场合、不同区域，空气质量相差很大。我们都渴望呼吸到新鲜空气，那么，什么样的空气才算新鲜空气呢？

　　大气或空气是多种气体的混合物，它通常含有恒定的、可变的和不定的3种成分。大气中氮占78.09%、氧占20.95%、氩占0.93%，这三者共占大气总体积的99.97%，它们和微量的氖、氦、氪、氙、氡等稀有气体组成了空气中的恒定组分，这一组分的比例，在地球表面任何地方几乎都相同。

　　可变的组分指空气中的二氧化碳和水蒸气。在通常情况下，二氧化碳的含量为0.02%～0.04%，水蒸气的含量为4%以下，它们在空气中的含量是随季节和气象条件的变化而变化，也受人们生产和生活活动的影响。

　　含有上述恒定组分和可变组分的空气，是纯洁清净的空气。

　　大气中不定组分的来源有两个：一是自然界出现的暂时性灾难所形成的污染物；二是人类对环境的污染，这是空气中不定组分的最主要来源，也是造成空气污染的主要原因。

　　大气除含有上述成分外，还含有少量负离子。负离子被称作空气维生素，可以帮助人体维持正常的生理功能。在海滨、山村、林区等地方，空气中含有大量的负离子，人在这种环境中会感到特别舒适愉快。

空气清新的山林

总之，只有当空气没有受到污染，即当空气中的氮气、氧气、氩气及其他微量稀有气体的含量与正常值相符，二氧化碳、水蒸气的含量在正常变化范围内，且空气中含有相当数量的负离子时，这样的空气才是新鲜空气。

大气污染物的来源

大气污染物的种类非常多，有的是直接排入大气的（又称"一次污染物"），有的由一次污染物发生反应生成的新的污染物（又称"二次污染物"）。它们物理化学性质很复杂，毒性各不相同。

碳氧化物：主要是一氧化碳，能使人体血液携带氧的能力降低，引起缺氧，从而造成心血管工作困难，以至死亡。

硫氧化物：主要是二氧化硫。能刺激人的呼吸系统，对心脏、肺有病的老年人危害最大。

氮氧化物：主要是一氧化氮和二氧化氮。二氧化氮有腐蚀性和生理刺激作用，易引起急性呼吸道疾病。

碳氢化合物：城市空气中的碳氢化合物与氮氧化物在阳光作用下发生反应生成一系列二次污染物，主要是臭氧。刺激眼睛，引起头痛、咳嗽、哮喘、胸部窒闷等症状。

微粒：直径约 0.0002～500 微米（等于 10^{-6} 米），包括气溶胶、烟、

排放废气的烟囱

尘、雾、炭烟等，可严重危害呼吸系统。

其他重要的污染物有：氟及氟化物、多环芳烃化合物、氯及氯化氢、铅及其化合物、石棉、汞等。

此外，还有进入大气的农药，核试验和核事故的放射性物质以及包括病菌、病毒在内的微生物，都可在特定的情况下造成较严重的大气污染。

对人体的危害

大气污染的慢性危害，主要是长期刺激人体的呼吸道，致使慢性鼻炎、咽炎等上呼吸道炎症的发病率显著提高。重污染区的发病率高于轻污染区，又明显地高于基本上无污染的对照区。

另外，由于呼吸道和肺部持续不断地受到 SO_2、NO_2 飘尘等的刺激和腐蚀，它们的抗御功能遭到损坏，抵抗力下降，对病毒、病菌感染的敏感性增强。当危害进一步向深部的细支气管和肺泡发展时，就会诱发慢性阻塞性肺部疾患，如慢性支气管炎、支气管哮喘、肺气肿等，还可能续发感染症，严重者将导致肺心病。

臭氧空洞

臭氧是由 3 个氧原子组成的氧的同位素。在大气层中臭氧的含量是非常少的，它们分布在由地面直到 60 千米高的大气层中，而且 90% 是在平流层中。臭氧在平流层中也不是均匀分布的，在距地面 20~25 千米高处比较集中，形成一个臭氧层。

在对流层中，臭氧属于温室气体。它吸收地表辐射的红外波，使气温升高。并且臭氧对人体、对地球上的生物、对某些有机材料都是有害的。但在平流层中的臭氧层却被称为地球上"生命的保护伞"。它吸收太阳辐射到地球上的对人类和动植物有害的紫外线。

20 世纪 80 年代以来，许多国家都观察到了平流层中的臭氧在减少的现象。1984 年和 1985 年，英国和美国的科学家分别发现了南极上空出现了有欧洲面积那么大的"臭氧空洞"。臭氧空洞的实际意思是臭氧浓度锐减，大约只剩下不足正常情况下的 40% 了。观察还发现，每年 9~11 月份，也就是南极的春天，臭氧空洞出现，然后逐渐恢复。1987年开始，科学家们在北极上空也发现了"臭氧空洞"，面积大约相当于南极臭氧空洞的1/5。经过几年连续的观测，科学家们指出，平流层中臭氧减少的趋势在发展。不仅在极地上空，臭氧的减少在某些中高纬度地区上空也发现了。

为什么臭氧层浓度在不断减少呢？经研究发现，主要原因还是在于人类的活动。在高空飞行的喷气式飞机排出的氮氧化物，在太阳辐射光的作用下产生一氧化氮。一氧化氮能够像催化剂一样促使臭氧分子转变为普通氧分子。另一种对臭氧层破坏更为严重的物质是氯氟烃。氯氟烃是人造化学物质，主要用于致冷和作为溶剂。这种气体性质非常稳定，能长时间存在于对流层中，并到达平流层。平流层中的氯氟烃在紫外线的作用下放出氯原子，并形成氯分子。在冬季时，气温低达-80℃，氯原子很容易从稳定的分子结构中游离出来成为活性氯原子。等到春天阳光开始照射时，在光辐射的诱发下，氯原子对臭氧分子发生催化作用，使它们分解并变为普通氧分子。氯原子对臭氧的破坏能力很强，一个氯原子可以破坏多达10万个臭氧分子。用在灭火器中的人造物质"哈龙"，其中含有元素溴。溴和氯一样对臭氧有破坏作用，其破坏能力甚至比氯还强。

平流层臭氧减少带给地球的最大危害是紫外线辐射量增加。紫外线能够破坏人体的免疫系统，增加呼吸系统疾病感染的可能性，引发红斑狼疮、天疱疹等恶性疾病。紫外线的增强能引起皮肤和眼睛的病变。皮肤疾病有50%以上与阳光照射有关，特别是浅肤色的人种更容易受到紫外线的伤害，发生灼伤、皮肤变化以至皮癌。1991年南极上空出现臭氧空洞时，南美智利发现许多羊暂时失明。紫外线的增强使白内障的发病率增加了。有研究指出，臭氧总量减少1%，基础细胞癌变率可能增加4%，扁平细胞癌变率可能增加6%，恶性黑瘤发病率会提高2%，白内障将增加0.2%~0.6%。有些植物对紫外线十分敏感，如大豆、棉花等，过量的紫外线会使得它们的叶片受损、产量降低。紫外线可以穿透10米深的水层，杀死水中的某些浮游生物。而浮游生物正是水生生物链最底层，底层的破坏危及上层生物的生存，因而降低了水体的生产力。

臭氧层的损耗已引起了世界各国的重视，1985年20个国家在奥地利的维也纳通过了《维也纳保护臭氧层公约》。1987年在加拿大蒙特利尔召开了保护臭氧层的国际大会，并通过了《蒙特利尔保护臭氧层议定书》。议定书规定自1989年开始逐步冻结、减少氯氟烃和哈龙的生产及消耗。以后又几次召开缔约国会议，规定了发达国家要在2000年1月1日前完全停止生产和使用这些危害臭氧层的物质；发展中国家可以把限制日期推迟到2010年。现在各工业国都在研制不含氟、氯、溴的制冷、灭火剂代用品。

酸 雨

酸雨是大气污染的直接结果。工业燃烧把大量的二氧化硫等气体排入大气，造成局部地区大气中二氧化硫富集，在水凝结过程中溶解于水中形成亚硫酸，然后经过某些污染物的催化作用生成硫酸，随雨水降落下来，形成酸雨。酸雨中除硫酸外，还有由NO_x（主要是NO、NO_2）形成的硝酸以及盐酸、碳酸等等。

酸雨对人们的健康危害极大。含酸的空气，使呼吸道疾病增加。1975年梅雨季节，日本关东一带下的酸雨，虽然是细雨霏霏，却使数万人眼痛难忍。酸雨使湖泊、河川及地表水酸化，严重地影响水生生物的生长和生存。瑞典全国9万多个湖泊中，有2万多个受到酸雨的危害，4000个湖泊因水质酸化，鱼类绝迹。加拿大约有6万个湖泊，正面临着变成水的"荒漠"的危险。

同时，酸雨还破坏森林和植被，破坏土壤的肥力。一方面酸雨使土壤中的钙、镁、钾等养分离子淋溶，导致土壤酸化，贫瘠化，影响植物生长，另一方面，多数土壤微生物，尤其是固氮菌等，生长在碱性、中性和微酸性的土壤中，酸雨的加入，造成土壤微生物群落的混乱，影响营养元素的循环和供应，严重危害农作物和其他植物的生长。1981年美国参议院有人作证，酸雨使农作物损失10亿美元，林业损失17.5亿美元。1984年3月8日，设在华盛顿的世界观察研究所发表的研究报告指出，因酸雨引起的世界范围的森林毁坏，就木材损失估算，价值有几十亿美元。在我国，酸雨的报道也屡见报端。1982年6月中旬，苏州市降了一场酸雨，郊区栽种的西瓜秧全部烂死。

此外，酸雨还危害城市的建筑物，危害机器、桥梁、名胜古迹和艺术品。雅典古神庙、德国鲁尔区的石雕都被酸雨腐蚀得面目全非。北京故宫里的汉白玉石雕已有数百年的历史。从1925年拍摄的照片来看，浮雕的花纹还十分清晰，但到今天，它已被含酸的空气和雨水腐蚀的模糊不清了。

温室效应

在大工业发展初期，有人曾把高耸的烟囱称颂为刺破青天的"画笔"，而把滚滚的浓烟当作"牡丹"来欣赏，有多少人为现代文明取得的成就

被酸雨腐蚀的石雕

所陶醉。但是，当毒雾笼罩大地，酸雨从天而降时，人们才逐步清醒过来。然而不幸的是，多余的物质还在不断地排向大气。大气中的二氧化碳气体浓度在不断升高。

绿色植物通过光合作用，把大气中的二氧化碳吸收固定于植物体内。动物摄取植物体后碳便转移到动物体内。而动植物的呼吸作用，消耗体内的有机碳，产生二氧化碳归还于大气，同时，动植物残体通过微生物的分解，产生的二氧化碳进入大气，这样使大气中的二氧化碳含量大致保持一个稳定的常量。但随着现代工农业的发展以及全球森林的消失，这个平衡被打破了。

越来越多的煤和石油被人们从地下开采出来，它们在燃烧时放出光和热，同时把大量的二氧化碳排放到大气中去。同时，毁林开荒，大片的森林消失了。减少了对二氧化碳的吸收固定。而精耕细作又加速了有机物的分解，向大气中提供了更多的二氧化碳。1860年大气中的二氧化碳含量是283ppm（百万分率或百万分之几），到20世纪60年代已增至320ppm，到

北极熊无奈地望着消失的冰面

20世纪末,已经进一步上升到375~400ppm。二氧化碳的含量增高,将会改变地球上的热平衡,产生"温室效应"。因为二氧化碳大量存在于大气的时候,从太阳发射来的较短的辐射波,能够透过二氧化碳层到达地球表面。而地球产生的长波热辐射不容易穿过二氧化碳层,被反射回地表,使地表温度升高。根据科学家们的研究计算,当二氧化碳浓度增加1倍时,全球平均气温升高1.5℃~8℃,高纬度地区增加4℃~10℃,这样地球两极的冰层以及其他地区的冰川将会融化,全球海平面将升高几十米,许多沿海城市,甚至欧洲的大部分都要被淹没。此外,许多专家认为,温室效应还可能引起全球天气和气候的反常,使一些地区旱情加剧、沙漠扩大,而另一些地区则倾盆大雨、洪水泛滥。这并非是耸人听闻的假设。20世纪80年代以来,全球性气候异常。非洲大陆连年大旱,饥民遍野,而孟加拉等国以及某年我国南方则大雨连绵,洪水淹没大片的农田和房屋。许多国家冬季不冷,瘟疫流行;夏季酷暑,热浪灼人。美国一些地区已多年出现"大热浪"的持续高温,中暑死亡者屡有报道。

可怕的"杀人雾"事件

1948年10月,美国匹兹堡南部多诺拉镇忽然起了大雾,在山谷里连续聚集了4天4夜。被迫在这种毒雾里呼吸的人们,有5000多人不停地咳嗽、喉痛、胸闷。就连医生也咳个不停,面对毒雾束手无策。17个体弱的居民相继死亡,造成震惊全美的"杀人雾"事件。

浓雾笼罩的城市

其实,类似的事件早已发生过。英国伦敦在1873年、1880年和1892年不到20年的时间内,就发生了3次毒雾事件,共死亡1800人。1905年格拉斯哥发生的毒雾事件中又有1063人死亡。

多诺拉"杀人雾"事件发生后仅4年,更大的悲剧震惊了世界。又是在英国伦敦,历史的日期指在1952年12月5日,昏暗的天空没有一丝儿风,但见烟尘满天弥漫,持续了4~5天,数万市民感到胸口窒闷,又咳又吐,几天内竟有4000余人死亡,8000多人事后病死。人们纷纷诅咒这种凶恶的"杀人雾"。

日本四日市的哮喘事件

日本四日市是以石油化工、冶炼为主的工业城市。1955年以来,全市排放的废气越来越多,仅SO_2和粉尘的年排放量就达13万吨,SO_2的浓度超出标准5~6倍。粉尘以煤尘为主,还含有大量的钴、锰、钛等有毒重金属粉尘。严重的污染导致市民中患支气管炎、支气管哮喘、肺气肿及其他呼吸道疾病的人数大量增加。1964年达到最严重的程度,一连3天污染烟雾聚集不散,有的患者死亡。到1972年全市的患者达到800多人,有36人死亡。不仅四日市,连周围的几十个城镇也受到污染的影响。

四日市的哮喘事件属于20世纪70年代前的"八大公害事件"之一,其特点是污染物长期超标;除了常见的大量有毒有害气体和煤尘外,还有大量的有毒重金属粉尘,共同形成了厚达500米的经常存在的硫酸烟雾,长期毒害人体的呼吸道和肺部,以至越来越多的人哮喘不止。

会杀人的汽车尾气

20世纪60年代的美国曾经多次发生这样的事,一个人站在公路旁,川流不息的汽车在他身边起动、停止、行驶。突然,他昏倒了,送医院抢救,不幸再也醒不过来。原来他在短时间内吸进大量的汽车废气,汽车废气成了"杀手"。

汽车尾气

其实真正致人于死地的是废气中的CO。当吸入浓度约为0.5%的CO时,人体易急性中毒。此时进入体内的CO与血红蛋白结合生成了碳氧血红蛋白,饱和度达70%左右,中毒者脉搏微弱,呼吸缓慢,心脏衰竭而死。

据统计,1968~1975年,美国共有8764人死于CO中毒,其中5782人由汽车排出的废气所致;1095人由家用燃料不完全燃烧时排放的CO所致;1889人是在鼓风机前职业性接触CO所致。

今日汽车排放的 CO 浓度已大为降低。但较长期吸入，也易慢性中毒，导致神经系统受损，引起头痛、头晕、视野缩小、听力丧失、记忆力减退，还可能加重动脉硬化症。人们仍然需要警惕这个"杀手"的危害。

"雾都"伦敦

世界著名的雾都是英国的伦敦。一年中平均每 5 天就有一天是雾天。浓雾笼罩伦敦，大量的煤烟和粉尘排入空气之中。同时，伦敦上空受高气压控制，浓密的大雾难以扩散，造成严重污染，导致许多人患上气管炎、心脏病和肺病。近年来，英国政府为此采取了很多措施来加强环境保护，使伦敦面貌焕然一新。

大气污染造成的损失

空气污染造成的损失经常以其实际危害来表示。1974 年 5 月，美国环境保护局华盛顿环境研究中心发表了该国 1970 年因空气污染所造成的经济损失数字，损失约在 61 亿～185 亿美元，而 129 亿美元这一数值最接近实际情况。同年，国家污染控制局的估计是 135 亿美元。经济损失共分 4 类：人体健康方面，46 亿美元；住宅方面，59 亿美元；物质损失方面，22 亿美元；植物损失方面，2 亿美元。

"雾都"伦敦

污染造成的另一类损失是物质方面的，它有两种形式。首先，硫氧化物、颗粒物和氧化剂损害金属、纤维织物、轮胎和油漆，它们的总损失曾估计为22亿美元。其次，大量资源，主要是锰、铜和硫在熔炼和精炼等工业过程中损失掉了。这些物质都随着烟气进入了大气中。

最后一点，植物和牲畜也受到污染的危害。尤其是乙烯、臭氧和醛类等化学物质破坏叶类蔬菜、花和某些水果的组织。在洛杉矶地区，臭氧和PAN曾杀死了170万棵黄松；化肥生产和炼铝过程中排放的氟烟气曾污染了牲畜饲料，影响了牲畜的健康、繁殖和寿命。

大气污染的控制

解决有害气体、易挥发烃污染的根本途径是防止泄漏，从源头控制。至于治理方法，主要有燃烧、吸附、吸收等。

1. 催化燃烧

易挥发烃类污染，采用燃烧方法处理，比较简便。但如果气体中烃类浓度不大，需要补充燃料，为此发展了催化燃烧处理。典型的催化剂有铜的氧化物或氯化物、铬、镁及镍等，在催化剂的作用下，易挥发烃可在300℃左右燃烧，并少用或不用燃料。其缺点是投资较高。

2. 活性炭吸附

活性炭吸附一般适用于沸点在150℃以下的烃类或其他有机化合物，即使污染物浓度较低，亦有较好的脱除效率。

3. 吸收

吸收过程在脱除无机有害气体污染物（如H_2S、NH_3等）使用较为广泛。对于H_2S，最近发展采用金属螯合物溶液作吸收剂，有较高的脱除效率。

燃烧气体污染控制可以分以下几种：

1. 粉尘污染控制

除尘技术主要有旋风分离器、袋式除尘器及电除尘器等，尽管使用历史较久，但仍在不断改进发展。

旋风分离器的结构由于不断得到改进，已出现可消除$5^{-10}\mu m$（微米级粉尘的高效除尘器。

袋式除尘器主要在耐高温、耐腐蚀气体以及清灰两方面有所进展。前者发展有用玻璃纤维、聚四氟纤维、聚丙烯酸纤维及不锈钢纤维等材料制作除尘袋；后者发展有用声能代替机械振荡或气体反吹清灰。

电除尘发展方向是大规模、低费用。采用脉冲供电或周期供电操作，可以降低电耗，特别是周期供电操作，其电耗可比常规供电操作方式少50%。采用宽间距结构，能降低电除尘器的设备投资费用10%～20%。而微机化控制系统可有效提高电除尘器的操作性能，降低费用。

2. 硫化物污染控制

燃烧后脱硫工艺主要有三类，即湿法抛弃工艺（或称半湿法工艺）、湿法回收工艺及干法工艺。湿法抛弃工艺中的石灰、石灰石法应用历史最久，尽管该工艺存在固体废料处置、设备的结垢、腐蚀等问题，但因该工艺投资省，在其工艺基础上继续改进，仍不失为一个发展方向。另一个方向是发展综合工艺、优化组合，通过综合控制和相互促进，以达到全面提高燃烧气体中硫化物、氮氧化物及粉尘的脱除率。

3. 氮氧化物污染控制

燃烧后氮氧化物污染控制有两类方法：选择性非催化还原及选择性催化还原。

选择性非催化还原系将氨或尿素喷入燃烧气体中，在850～1300℃温度条件下，氮氧化物被还原为氮气和水，脱除率一般在80%左右。其潜在的问题是，可能有未反应的氨逸出，以及增加外排烟气中一氧化碳的含量。

选择性催化还原亦用氨作还原剂，在催化剂的作用下，将氮氧化物还原为氮气和水。所用催化剂有铂、钯类贵金属催化剂及铁、锰、铜和铬的氧化物催化剂，反应温度范围为250～400℃，氮氧化物脱除率可达90%。

恶臭污染

恶臭是指令人恶心的臭味。臭河沟、下水道散发出来的气味，郊区的垃圾堆散发出的气味，都是恶臭。由恶臭引起的污染就叫恶臭污染。

产生恶臭的气体有许多，常见的有：产生臭鸡蛋气味的硫化氢气体，

布满垃圾的臭河沟

产生烂洋葱气味、烂韭菜气味的硫醇类化合物,难闻的沥青蒸气,还有一些会发出臭味的吲哚类化合物。很多恶臭气体都对人体有害,沥青蒸气、硫化氢、乙胺、丙烯醛等毒性都很大。恶臭物质进入大气后,即使浓度很低,也会让人感到恶心头痛。

恶臭气体会对人体产生毒害作用。人闻到这些臭味,就会感到不舒服,出现头痛、恶心、食欲不振等现象。严重的恶臭污染还会对人体的呼吸系统、循环系统、消化系统、神经系统等产生一定的影响。人如果长期处于较低浓度的恶臭环境中,会引起嗅觉障碍。这时,人的嗅觉对恶臭环境"适应"了,虽然恶臭仍然存在,却几乎闻不出臭味来。脑神经持续不断地受到恶臭气味的刺激,时间一长就会受到损伤,影响大脑皮质的兴奋和抑制的调节功能。

在国外,恶臭公害事件时有发生。日本川崎市在1961年就曾连续发生3次恶臭公害事件。其中一次发生在午夜,当时居民正在熟睡之中,一家工厂趁天黑偷偷排放含硫醇的废油。正巧赶上刮大风,恶臭顺风吹来,波及范围达20多千米。强烈的恶臭将许多人从熟睡中熏醒,人们感到恶心并开始呕吐,很多人还觉得眼睛疼、头痛,身心健康受到了很大的损害。

现在,人们已经意识到恶臭是一种很严重的环境污染,科学家开始研究怎样防治恶臭污染。对于工业性的恶臭污染，目前可采用燃烧、氧化、中和、吸附等技术进行处理，这样就能大大消除恶臭气体。许多绿色植物像吊兰、月季等，都能大量吸收有害的恶臭气体，因此大规模地进行绿化植树，可以净化环境，防治恶臭污染。

光污染

可见光、红外线和紫外线发出的过量光辐射，对人类的生活、健康和工作造成了不良的影响和危害，这种现象叫做光污染。

刺眼的电焊光

可见光污染：较多的是眩光，如不合理的、杂乱的照明；强烈的闪光，如电焊光、核武器爆炸的闪光。强光能伤害人的眼睛。过分复杂而零乱的信号灯系统发出的光会造成人的视觉疲劳，影响工作效率。可见光污染在某些场合会影响特殊工作，如天文观测等。城市环境中杂乱、肮脏的景象，也可以被认为是光污染的一种特殊形式——视觉污染。

红外线污染：近年来在科研、工业、卫生、军事等领域应用红外线技术越来越广泛。由于红外线是一种热辐射，所以对人体会造成高温伤害，较强时还可能烧伤皮肤和眼底视网膜。长期受红外线照射的眼睛，可能患白内障。

紫外线污染：人造卫星对地面的探测、消毒的工艺流程等都可应用紫外线技术。人体长期暴露在紫外线下，眼角膜和皮肤易受伤害。

此外，随着现代技术的发展，激光的应用日益广泛，它的大部分光谱属可见光范围，少部分属紫外光和红外光。由于激光的指向性好，能量集中，所以更容易对人眼产生较严重的伤害，尤其要严加防备。

电磁波污染

我国某大城市的一所中学，学生和老师们时常头痛、发昏，晚上常睡不着觉，好做恶梦，疲乏无力，记忆力衰退。课堂上讲课的老师，会突然晕倒在讲台上。但奇怪的是，生病的师生离开学校休息一段时间，病情就会好转。经调查，原来是附近广播电台的发射塔在作怪，强大的电磁波伤害了人体。

高高耸立的电视发射塔

据测定，人体与电磁波的共振吸收频率约70兆赫，这个频率处在电磁波发射频率的范围内，因此超短波辐射对人体影响的可能性最大。处于高频发射点附近的人，会吸收射频能，转换为热能，发生生物学热效应，或由于过热而伤害肌肤；或在非过热强度的电磁波长期作用下出现头昏、疲乏、健忘等神经衰弱症状。有的还会发生心悸、心律减慢、心前区疼痛、血压偏低、脱发、月经失调等症状。还有的人会患白内障，影响生殖功能和遗传，甚至引发癌症。总之，电磁波的危害是绝不能低估的。

使馆工作人员患病根源

1976年，美国向苏联提出抗议。原因既不是苏联飞机非法侵入美国领空，也不是苏联驻美使馆人员非法收集情报，而是因为苏联出于监听美驻苏使馆通信联络情况的需要，向美使馆连续发射微波，使美使馆工作人员长期处在微波环境中，身体受到严重的伤害。据对使馆313名工作人员的检查结果，发现有64人的淋巴细胞比正常数高44%。尤其严重的是，有15名妇女得了腮腺癌。就是我们前面谈到的微波的"加热"作用。在长期"加热"的环境中，人体充分地获得了这种特殊的热量，一些人的细胞组织就会发生癌变。

太空垃圾

到太空旅游，已经不是十分遥远的事情了。据说美国华盛顿的西雅图太空探险公司，可以预订5年以后乘航天飞机去太空进行"太空半日游"

地球周围的太空垃圾

的座位。这是多么令人欣喜的事啊！不过，欣喜之余，也得听听太空的呼唤：太空垃圾太多，亟待清道夫！

从20世纪60年代开始，人类的手臂伸向太空，各种航天器频频进入太空。到20世纪90年代，人类向太空发射的航天器已经超过4000枚。这些航天器到了太空，有的自身爆炸解体，在太空留下爆炸产生的碎片；有些卫星完成使命后，被抛弃在太空。所有的火箭残骸和其他遗弃物，都构成太空垃圾，给航天事业带来种种威胁。

美国发射的一些小绳系卫星，常因太空垃圾碎片将卫星与航天器的连接绳切断而丢失。据统计，在环绕地球的太空垃圾带中，比网球大的物体有9500多个；稍小的碎片有10万个以上；直径不到1厘米的微小物体有350万个。

美国空军设在科罗拉多的一个监视网能够监视那些比网球大的太空碎片，地面雷达站能够标出它们位置，并能操纵卫星避开。比网球小的那些碎片，地面就无法监视了。而小碎片由于在轨道上获得了极高的速度，达每秒10千米左右，即使是小小的油漆碎片撞在座舱玻璃上，也会在玻璃上留下凹痕，甚至造成险情或事故。

为对付太空垃圾，1993年在德国达姆斯塔特的太空地面控制中心，专门召开了一次太空垃圾会议，与会专家认为一是派清道夫清扫垃圾，二是要设法少产垃圾。

美国已研制了"太空自动处理轨道碎片系统"的机器人，主要用于回收较大的太空碎片。这种机器人进入轨道后，能自动寻找垃圾目标，找到目标后，便应用系统中的激光束锯将其切碎，然后用它那长长的机械臂把碎片放入贮存器。当贮存器装满碎片或者燃料耗尽时，地面指挥系统指令机器人返回地球，途经大气层时，与空气摩擦，机器人与垃圾同归于尽。

美国休斯敦约翰逊太空中心的佩特罗工程师，又发明了专门消除太空中碎小垃圾的清除器，已获得专利权。同时，美国和其他从事航天活动的国家，已经开始执行减少新垃圾产生的政策。例如，飞行控制人员在发射过程的末期将多余的燃料焚毁或排放掉，以防用过的火箭爆炸成无数碎片。航天飞机的设计人员要避免以前那种设计，即螺栓和其他零件易脱落进入

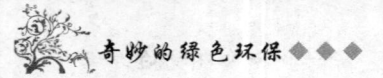

轨道的设计。今后商业卫星系统会变得更加庞大，更加复杂。因此，工程师们应将卫星定位在位置略有差别的轨道上，这样，失事卫星的残骸就不会干扰在这个网络上运转的其他卫星。

建材污染

据有关部门调查，有3/4的工作人员抱怨办公室空气污浊，1/2的人感到总是没劲，疲惫无力，不少人觉得精神压抑、头痛不适、萎靡不振、老是提不起精神，因而工作效率很低。过去，人们把这种现象归咎于社会因素，或埋怨同屋有人吸烟，或认为是劳累过度所致，经过深入研究才知道，原来是建筑材料散发有害物质所致。因为现代化居室、办公室的墙壁、墙纸、地板、地毯等用的建筑、装潢材料本身就含有很多有害物质，如混凝土中的微孔成型剂、密封剂、凝固加速剂或缓减剂，砖块中有呋喃等致癌物和剧毒有机物，木制品中防毒、防霉、防蛀物质五氯苯酚，密封填料中有甲醛，塑料制品和化纤地毯中又有氯乙烯等有害物质，它们每时每刻都在向居室或办公室释放污染物，所以，你即使不抽烟，同样逃不脱这些有

暗藏杀机的装修材料

害物质的慢性毒害。

怎样才能减少居室建材污染对人体的危害呢？除改变建材的化学结构和制造工艺外，最重要的是要常启开门窗，使居室的空气经常更新，使室内污染物浓度减低。此外，在可能的条件下，可适当到室外活动，减少对污染物的接触。一般说来，不必为居室建材污染而惊慌失措，因为这些污染物的数量和浓度很小，只要注意空气流通和户外活动，上述所谓"建筑综合症"还是可以防治的。

土壤的污染

进入土壤中的有毒、有害物质含量超出土壤的自净能力时，土壤的物理、化学和生物学性状就会发生改变，从而影响到农作物的生长，降低作物的产量和质量，并危害到人体健康，这种现象称为土壤污染。土壤污染主要是通过水质（污染水灌溉和酸雨等）和大气污染造成的；过量的施用农药和化肥，也能使土壤遭受污染。由于土壤是不流动物质，本身的自净能力差，被污染后较难恢复，因此，防止土壤污染是首要任务。办法有：控制和消除工业"三废"的排放；控制化学农药的使用；合理施用化学肥料等。治理污染土壤的措施有：利用植物吸收去除重金属；施加抑制剂；控制氧化还原条件；改变耕作制；容土、深翻等。

土地沙漠化

世界著名的巴比伦文明的发祥地——美索不达米亚平原和中华民族的摇篮——黄河流域，都是因为森林植被受到人为的破坏，造成严重的水土流失、土地沙漠化，最终导致河道淤塞、河水泛滥，甚至成为不毛之地的。土地是人类生存的基地，土地沙漠化，是当今世界严重的环境问题。

土地沙漠化之所以迅速发展，主要原因是人类对植被的破坏。人类对森林资源的乱砍滥伐，对草原的过度放牧，打乱了水分的循环，气候出现干旱，土地出现松散的流沙沉积。

土地沙漠化是人类文明的大敌。当年，沙漠埋葬了富饶的美索不达米亚平原，截断了著名的丝绸之路，掩埋了埃及96%以上的国土。现在，全

沙化的土地

世界有 1/3 的土地面临着沙漠化的危险。每年有 6 万平方千米的土地沙漠化，威胁着 60 多个国家，受沙漠化影响的人口，占全世界人口的 16% 以上。因此，治理沙漠被列为世界十大难题之一。

我国在防治沙漠化方面很有成绩。中国科学院兰州沙漠研究所的科研成果，使我国约 10% 的沙漠化土地得到初步控制，12% 的沙漠化土地有所改善。这个治沙经验，已引起世界瞩目。但是，沙漠化仍然是一个突出的环境问题。我国的新疆、青海、甘肃、宁夏、内蒙古、陕西、山西、吉林、黑龙江、辽宁等省区的几十万平方千米的土地受到沙漠化威胁，如不加速治理，几年之内，沙化的土地将新增二三十万平方千米。

土地沙漠化，是农业生态系统的一大威胁，给农牧业带来严重损失。据我国内蒙古自治区统计，因沙漠化危害而改种毁种的面积达几十万亩，使粮食平均库产严重下降。

土地沙漠化是干旱半干旱地区的世界性问题，它向人们敲响警钟：必须合理开发利用自然资源，注意保护生态环境。防止沙漠化，就要采取法律、经济、行政等手段，防止滥垦、滥牧和滥采的现象发生。

我国的黄土高原，历史上曾经是茫茫林海、莽莽草原，曾给中华民族以非常适宜的生活环境。但是一度人口集中过多，加上掠夺式的开发，破坏了植被，引起了生态系统的退化和水土的严重流失。到如今已变成沟壑

沟壑纵横的黄土高原

纵横的黄土高原。

美索不达米亚平原是著名的巴比伦文明的发祥地。它在幼发拉底河和底格里斯河之间，受到两河的滋润，这里土地肥美，沃野千里。从四五千年前的古巴比伦王国开始，就形成了历史上灿烂的巴比伦文明。但是在农业发展过程中，两河上游的森林被毁坏。由此造成气候失调，水土严重流失，土地沙化，这块孕育了光辉文明的肥田沃土成了不毛之地。

玛雅文明是古老的中美文明。它在低地热带森林中（现在的危地马拉）发展起来。公元250年，玛雅文化、建筑、人口达到鼎盛时期，人口密度达每平方千米200~500人。由于森林破坏所造成的环境问题，加上其他因素，从公元800年起雅玛文化开始崩溃，在不到100年时间里，几乎到了人烟绝迹的地步。

人类残暴地掠夺土地，必然遭到大自然的报复。亚洲开发银行的一位专家曾经有过这样的结论："当你从1数到10的时候，地球上就有10英亩原始森林被砍伐而消失。"近年来，约有30万平方千米的森林从地球上消失了。这不仅破坏了全球性的生态平衡，而且降低了土地对气候急剧变化的适应能力和恢复能力。土地一天天走向贫瘠。按目前耕地贫瘠化的速度发展，只需要过 20 年，世界上就会有 1/3 的耕地不能再耕种。残酷的现实摆在人类的面前，人类时刻受着全球荒漠的威胁。

肆虐的黑风暴

1934 年，从美国西部草原刮起一场夹带着大量沙土的黑风暴。这场黑风暴历时 3 天 3 夜，刮得天昏地暗，日月无光，它把 8 亿多吨的肥沃表土刮进了大西洋，使美国西部大片草原变成了沙漠，造成当年小麦减产 102 亿公斤。这就是著名的黑风暴事件。究其原因，这是由于盲目砍伐森林和开垦草原，生态平衡遭到破坏而造成的。这是大自然对人类报复的典型例子。1600 年以前，当美洲尚未移民时，今天美国东部潮湿的土壤上，约有 170 万平方千米的茂密森林，西部是一片辽阔的草原。17～18 世纪，白人来到这里，进行掠夺式的开发，在不太长的时间里，几乎把东部的森林全部砍光。随着向中西部的开发，对草原进行开垦和过度放牧，使土壤的表土严重流失，理化性质恶化，干旱加剧。随着水热平衡的破坏，形成风暴，大风夹着黑色的土粒和泥沙，铺天盖地，遮云蔽日。由殖民者的贪婪诱发出的这场黑风暴，席卷全美 2/3 的地区。据统计，1976 年以来，全美已丢失了原有陆地表土的 1/3。

20 世纪 50 年代，黑风暴又出现在苏联境内。在中亚西亚由于大规模开垦草原。种植小麦，结果重蹈美国的覆辙，土壤严重沙化。稍有风起，便飞沙走石、尘埃滚滚，造成黑风暴。据统计，盲目开荒使苏联中亚地区遭受风蚀的耕地约 7 亿亩，比其欧洲部分的全部耕地面积还大。1960 年三四月间，黑风暴使垦区受灾面积达 6000 万亩；1963 年遭受更大的黑风暴袭击，受灾耕地面积达 8 亿亩，1969 年 1 月，1200 万亩小麦毁于黑风暴。

各国在治理环境污染方面的措施

保护自然，就是保护人类本身。世界各国越来越认识到了这一点，1992 年 5 月，在巴西召开了世界环境和发展大会，出席大会的有 130 余个国家的政府首脑和民间组织，这充分表明了人类对自己生存环境的关心。人们还在不断地探索和认识生态规律，用生态工程创造更美的生存和发展的环境。

建立专门的国际环保机构

生态环境的恶化面前，人类展开了全面的抗争。国际科学合作组织于1963年拟定和建立了国际生物学计划，组织许多国家的科学家，对各类复杂的生态系统进行研究。1968年联合国科教文组织在第十六届会议上根据许多会员国的建议，制订了"人与生物圈"计划（简称MAB），并建立了相应的组织机构。包括我国在内的90余个国家参加了这个组织，我国被推选为理事国。这项研究计划涉及全球性，有关国家开展了数千项研究。如该计划的第八项是自然保护区及其所包含的遗传物质的保护。

参加MAB计划，都要承担规定的3项任务：第一，保护自然生态系统，如我国到1989年已建立各种自然保护区448个，占全国土地面积的2.28%；第二，进行生态学研究，集中研究生物圈及其生态区域的结构和功能，由人为活动而引起的生物圈及其资源的变化，以及这些变化对人类本身的综合影响；第三，开展广泛的生态学宣传和教育。

制定国际环境法

国际环境法是现代国际法的组成部分，而且正在成为特别重要的部分。由于全球环境是一个整体，地球上一个国家所从事的开发利用环境或保护改善环境的活动，必然会对其他国家的环境乃至全球环境产生影响，从而与其他国家产生这样那样的联系，而全球环境的保护和改善，又关系到各国人民的根本利益，因此，需要各国协调一致采取行动。国际环境法就是在这种情况下诞生的。国际环境法对各国在开发利用环境、保护改善环境活动中所产生的国际关系进行调整，确定他们所必须遵循的基本原则和规章制度。

制定国际环境法，不光对全球的环境保护起很大的推动作用，还极大

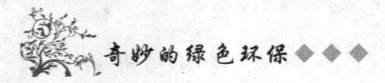

地推动了各国国内环境法的发展及其与相应国际环境条约的接轨。通过参与国际环境条约的谈判和最终加入国际环境条约,各国获得了别国的有关环境的信息,必然在国内作出适当的立法安排,通过和实施相应的措施,以便使条约生效,这样,国内的环境法也会尽量采用国际环境标准、国际惯例和其他国际通用准则。

国际环境法包括双边性、多边性和全球性环境条约,如著名的《人类环境宣言》《内罗毕宣言》和《里约环境与发展宣言》等。我国也已签订或参加了一批国际环境公约和协定,它们涉及保护臭氧层、保护生物多样性、防治全球荒漠化、防止气候变暖、防止热带雨林遭破坏、防止危险废物越境转移等当前全球环境热点问题。

征收环境税

环境税是一种全新的税种,它是针对目前日趋恶化的生态环境而提出的。

我们知道,生态环境可以容纳或净化社会经济活动所产生的污染物,同时又可以提供社会经济活动所需要的物力。所以从经济学的角度看,生态环境是一种资源,而且随着社会的发展,它的稀缺性日益明显,这种稀缺性就体现了生态环境的经济价值。但是,在传统的计划经济体制下,生态环境资源往往被认为是无价的,可以随意无偿占用,结果形成了"资源无价、原料低价、产品高价"的奇怪现象。所以,环境税实际上可以看做是一种生态环境补偿费,它把应由资源开发者或消费者承担的对生态环境污染或破坏后的补偿,以税收的形式进行平衡,它体现了"谁污染谁治理、谁开发谁保护、谁破坏谁恢复、谁利用谁补偿、谁收益谁付费"的生态环境开发利用保护原则。

在国外,很多国家都采取了一系列措施,对破坏生态环境的活动进行管理,其中包括征收消费税、支付信用基金、征收生态税、征收意外收益税、征收收入税等。在法国,1960年通过了一个法律,国家授权在自然区域和敏感性区域征收一种部门费,用来资助绿色区域或森林区域向公众开放。此外,法国还在1975年执行了另一种税收:向在地面或沙岸采沙石的公司收税，税款主要用于资助恢复采矿后的地表环境等项目。在德国，1989年开始征收"生态税"，有的地区还征收自然保护特别税、植树税、辅助森林保护税等。除了税收外，德国法律也利用收"费"方式来解决环境与生态问题，例如在自然资源开发、水资源利用以及有毒废物的排放和焚烧等方面收费。在美国，对废弃矿征收采矿费，这种费用专门用来恢复已报废的矿区的地貌景观。在瑞典，有一套完整健全的税收管理体制，其中包括大部分与生态环境有关的税收，如能源税、二氧化碳税、二氧化硫税等。比利时是第一个征收"绿色税"的欧洲国家，征收绿色税后，消费者转而消费那些对环境危害较小的产品。

在市场经济体制下，征收环境税是一种保护生态环境的有效的经济手段。但是，它的实施还需要相应的政策来支持，需要相关的法律法规来保证。

世界上的环保节日

人们制定环境保护节日的目的，无非就是号召大家一致行动，携起手来共同保护我们的家园——地球。

3月21日是"世界森林日"。森林面积不断减少的恶果最终还得人类自身来尝。1998年我国长江流域的特大洪涝灾害就是一例。

3月23日是"世界气象日"。大气污染，臭氧空洞……这些问题引起

地球日宣传图片

人们的普遍关注，这个节日呼吁全世界各国人民共同努力保护大气资源。

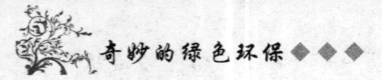

4月22日是"地球日"。我们只有一个地球,地球是我们唯一的家园,我们必须尽自己的所能来保护我们的家园。6月17日是"世界防治荒漠化和干旱日"。我们赖以生存的土地正因荒漠化一天一天地减少,人类应该想办法让沙漠也变成粮仓。

7月11日是"世界人口日"。1987年的这一天,是地球上第50亿个人出生的日子,1990年联合国将这一天定为"世界人口日",期望引起世界各国政府和人民的重视。

9月16日是"国际保护臭氧层日"。南北两极都已发现臭氧空洞,臭氧层变薄直接威胁到了地球生物的生存。保护臭氧层,势在必行。

10月16日是"世界粮食日"。联合国粮农组织要求该组织的成员国每年的这一天举行相关活动,以号召各国政府和人民珍惜粮食,并积极发展农业生产。

12月19日是"国际生物多样性日"。生物物种不断减少,表明生态平衡遭到了破坏。保护生物多样性,就是在构建人类自身美好的生存环境。

人类活动

人口惊人的增长速度

大约在公历纪元开始时，世界人口约有 2 亿~4 亿。到 1650 年时，才达到 5 亿左右。1600 余年间才增加了不到 1 倍。此后，增长速度加快。180 年后即 1830 年，达到 10 亿。100 年后即 1930 年，达到 20 亿。又过了 45 年即 1975 年，达到 40 亿。即人口每翻一番的所需年数，由 1600 年，180 年、100 年、45 年逐次减少。而从 1975 年至 1987 年，人口又由 40 亿增至 50 亿。有人估测，按大约 40 余年翻一番算，到公元 2021 年可达 88 亿，2062 年时达 176 亿，2103 年时达 352 亿……再过 700 年后，人口将超过千万亿。那时，人均占地仅 0.3 平方米，人类连种粮的耕地都没有了。还如何维持生命！

最新的实际情况是，从 20 世纪 80 年代以来，地球上每 2 秒钟就增加 5 个人，每 24 小时增加 22 万人，每 10 天增加 220 万人。这样的增长速度，不能不引起人们的忧虑。

如果说世界人口增长得很快，那么中国的人口增长得更快！公元 2 年时我国汉朝有人口 5959 万。公元 1300 年元朝时是 5844 万。1578 年明朝时达到 6200 万。这 1000 多年间的人口数均不过 6000 万左右。由于战争和饥荒，中间有几次人口数的大跌落，至明末清初，一度跌至大约 2000 万。

从清代开始，人口迅速增长。清乾隆六十年（1795 年），人口达 2.97

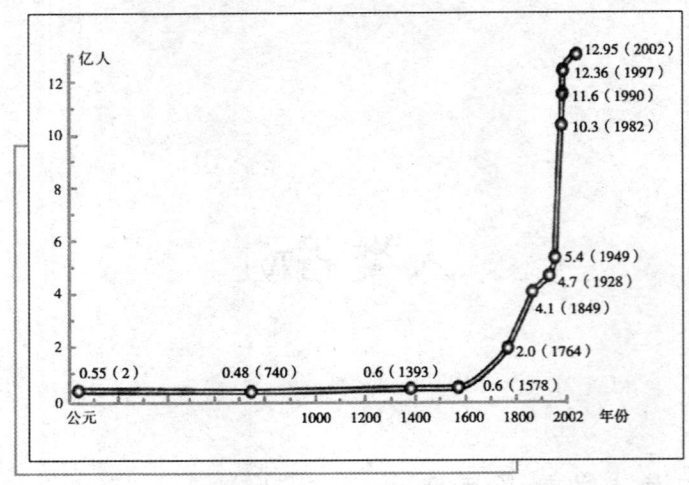

中国人口增长图

亿，比康熙初年猛增 10 倍多。乾隆皇帝看到人口上报表，不禁忧虑叹息："食之者众，朕甚忧之。"至 1840 年鸦片战争时，人口达 4.1 亿。1949 年，人口已达 5.4 亿多。至 1989 年 4 月，超过了 11 亿。就是说，不到 40 年，就翻了一番多，这比大约同期世界人口 45 年翻一番的速度还快。据最新人口统计数据，目前我国人口已超过 13 亿。

地球能容纳多少人

许多人都会问，地球到底能够容纳多少人呢？生态学家从生态学的角度进行了分析。他们计算出，地球植物的总产量，按能量计每年为 660×10^{15} 千卡（1 卡 = 4.184 焦耳）。人类如维持正常的生存，每人每日需消耗能量 2400 千卡，1 年就是 8×10^5 千卡。如要维持 40 亿人口的生存，每年共需能量 42×10^{14} 千卡，约相当于植物总产量的 0.5%。这样，岂不是说全部植物产量可养活 40 亿 × 100/0.5 = 8000 亿人吗？但实际上这是不可能的。因为第一，植物总产量并不是全用来养活人的，各种动物都要直接或间接地以植物为食；第二，许多植物和动物人类都不能食用。据估算，人类大约只能享用植物总量的 1%，即是说，地球只能养活 80 亿人。

当然，也许有人会说，随着科学技术的发展，人类可以扩大利用植物总量的比例，这是可能的。但毕竟会有一定的限度，盲目乐观的设想往往会给人类带来巨大的不幸。

人口爆炸会发生吗

生物学家们发现，各种动物和人类在不受任何限制时都是按前面所说的指数（又称"几何级数"）增长的。而当增长到了某个固定值时，就不再按指数增长了，并且常常会发生"崩溃"现象，即突然大幅度下跌。如美国阿拉斯加沿岸有个小岛，1944年运入29只驯鹿。由于岛上食物丰盛，又无天敌，所以到1963年就猛增到6000只。然而由于过度放牧的结果，使草原在几年内突然荒芜枯竭，水草和驯鹿大批死亡，1966年竟仅存42只驯鹿了。

像这种动物界常有的"崩溃"现象，一些人口学家认为人类社会也很可能发生。某国人口调查局绘制了一个"人口崩溃"曲线图，表明在2050年左右会发生"人口崩溃"。原因是"严重饥荒、极度污染、社会动乱、传染病和慢性病引起的高死亡率，保卫和攫取资源的战争，极低的出生率和其他因素"。这当然是某种估计，但如果不致力于提高人口素质和生产力水平，节制生育，防止环境污染和资源破坏，发生这样的"人口崩溃"是完全可能的。

人类活动对自然环境的影响

人类活动对自然资源的破坏

环境污染加剧

全球每年排放进入大气层的气体，CO_2 为57亿吨，CH_4 约2亿吨。排放有害金属铝200万吨，砷7.8万吨，汞1.1万吨、镉5500吨，超出自然背景值的 20~300 倍。SO_2 的排放，诱发的酸雨的频度在增加，面积在扩大；空气质量严重下降，全球有 8 亿人生活在空气污染的城市中；江河湖海的污染日趋严重，淡水匮乏使 12 亿人口生活在缺水城市，14 亿人口在没有废水处理设施下生活；水质污染引发的疾病死亡率已成为人体健康最主要的危害；城市垃圾、污水、船舶废物、石油和工业污染、放射性废物等大量涌入海洋，每年有 200 亿吨污染物从河流进入海洋，约 500 万吨垃圾被抛进海洋，在入海口处数万平方千米的臭氧层正在扩大。

森林锐减和物种灭绝

生物多样性的世界正发生着严重的危机。研究表明，在人类活动干扰以前，全世界约有森林和林地 60 亿公顷。到 1954 年世界森林和林地面积减少到 40 亿公顷，其中温带森林减少了 32%~33%，热带森林减少了 15%~20%。近 30 年来，世界森林，特别是热带森林的减少速度明显加快，平均每年减少 800 万公顷。中美洲由 1950 年的 1.15 亿公顷减到 1983 年中 0.71 亿公顷。非洲森林减少更快，从 1950 年的 9.01 亿公顷减至 1983 年的 6.9 亿公顷。世界森林的不断减少直接导致生物品种多样化的消失和物种灭绝。据估计，地球上曾经有 5 亿个物种，目前尚有 500 万~1000 万个物种，其

快要消失的森林

中占压倒多数的是无脊椎动物和植物。一些专家推测,当前每年消失的物种已达数千种之多。森林锐减和生物物种的大量减少对人类社会和经济发展将产生巨大影响。特别是森林植被的大量减少,大大改变了碳、氮等微量元素的源、汇分布,使得微量元素在地球系统中的循环遭到破坏,并迫使其从原有的平衡态向新的平衡态过渡,从而给人类社会和自然生态系统带来巨大影响。

淡水资源短缺

据 IIED 提供的资料,1987 年,全球约 140 亿立方米的水量中,大约有 4.2 亿立方米淡水,约占全球水量的 3%,其中约 77.2% 被冷储在冰盖和冰川中,22.4% 是地下水和土壤水,约 0.4% 为湖泊、沼泽和河水。由于水循环的结果,全球水量分布极不均匀。从作物需水量的角度出发,非洲中东和中亚大部分地区,美国西部,墨西哥西北部,智利和阿根廷的部分地区以及澳大利亚全部都是贫水区,其年蒸发量超过年降雨量。另一方面,20 世纪以来,世界用水量大幅度增加,年用水量从 1990 年的约 4000 亿立方米增加到 1995 年的 3 万亿立方米,增长了 6.5 倍。到 2000 年,全球淡水用量已达 6 万亿立方米。目前,世界上已有 43 个国家和地区缺水,占全球陆地

靠雨水生活的人们

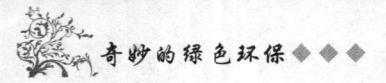

面积的 60%，约 20 亿人用水紧张，10 亿人得不到良好的饮用水。

人类向自然无休止索取的恶果

地球气候变化

在 20 世纪中，全球表面平均温度上升了 0.3~0.6℃，海平面上升了 10 厘米~25 厘米。目前地球大气中的二氧化碳浓度已由工业革命（1750 年）之前的 280ppm 增加到了近 360ppm。1996 年政府间气候变化小组发表的评估报告表明：如果世界能源消费的格局不发生根本性变化，到 21 世纪中叶，大气中的二氧化碳浓度将达到 560ppm，全球平均温度可能上升 1.5~4℃。

臭氧层破坏和损耗

自 1985 年南极上空出现臭氧层空洞以来，地球上空臭氧层被损耗的现象一直有增无减。到 1994 年，南极上空的臭氧层破坏面积已达 2400 万平方千米。现在在美国、加拿大、西欧、俄罗斯、中国、日本等国的上空，臭氧层都开始变薄。在对消耗臭氧层物质（ODS）实行控制之前（1996 年以前），全世界向大气排放的 ODS 已达到了 2000 万吨。由于 ODS 相当稳定，可以存在 50~100 年，所以被排放的大部分 ODS 目前仍留在大气层中。在它们陆续升向平流层时，就会与那里的臭氧层发生反应，分解臭氧分子。因此，即使全世界完全停止排放 ODS，也要再过 20 年，人类才能看到臭氧层恢复的迹象。

土地荒漠化

荒漠化是当今世界最严重的环境与社会经济问题。1991 年联合国环境规划署对全球荒漠化状况的评估是：全球荒漠化面积已近 36 亿公顷，约占全球陆地面积的 1/4，已影响到全世界 1/6 的人口（约 9 亿人），100 多个国家和地区。而且，荒漠化扩展的速度是，全球每年有 600 万公顷的土地变为荒漠，其中 320 万公顷是牧场，250 万公顷是旱地，12.5 万公顷是水浇地，另外还有 2100 万公顷土地因退化而不能生长谷物。亚洲是世界上受荒漠化影响的人口分布最集中的地区，遭受荒漠化影响最严重的国家依次是中国、阿富汗、蒙古、巴基斯坦和印度。

水资源危机

世界上许多地区面临着严重的水资源危机。根据国际经验，每人每年1000立方米可重复使用的淡水资源是一个基本指标，低于这个指标的国家可能会遭受阻碍发展和损害健康的长期性水荒。然而，目前世界上约有20个国家已低于这一指标，主要位于西亚和非洲，总人口数已过亿。另一方面，由生活废水、工业废水、农业污水、固体废物渗漏、大气污染物等引起的水体污染，使全球可供淡水的资源量大大减少了。世界银行的报告估计，由于水污染和缺少供水设施，全世界有10亿多人口无法得到安全的饮用水。

森林植被破坏

由于推测的难度，全世界的森林面积尚无准确数值。但据推算，地球上的森林面积约为30亿~60亿公顷，约占陆地面积的20%~40%，其中约一半是热带林（包括热带雨林和热带季雨林），另一半以亚寒带针叶林为主。从森林植物的干重测定值来看，热带林是亚寒带针叶林的2倍，所以，热带林占陆地总生物量的很大部分。但在工业化过程中，欧洲、北美等地的温带森林有1/3被砍伐掉了，所以近40年来，发达国家对全球的热带林进行了大规模的开发。欧洲国家进入非洲，美国进入中南美洲，日本进入东南亚，大量砍伐热带林，进口的热带木材增长了十几倍。森林大面积被毁引起了多种环境后果，主要有：降雨分布变化，二氧化碳排放量增加，气候异常，水土流失，洪涝频发，生物多样性减少等。

生物多样性锐减

科学家估计地球上约有1400万种物种，但当前地球上的生物多样性损失的速度比历史上任何时候都快，比如鸟类和哺乳动物现在的灭绝速度可能是它们在未受干扰的自然界中的100~1000倍。主要原因是7种人类活动造成的：1.对森林、草地、湿地等生境的大面积破坏；2.过度捕猎和利用野生物种资源；3. 城市地域和工业区的大量发展；4. 外来物种的引入或侵入毁掉了原有的生态系统；5. 无控制的旅游；6. 土壤、水和大气受到污染；7. 全球气候变化。这些活动在累加的情况下，会对生物物种的灭绝产生成倍加快的作用。20世纪90年代初，联合国环境规划署首次评估生物多样性的结论是：在可以预见的未来，5%～20%的动植物种群可能受到灭绝的威胁。

人类应该树立的正确发展观

人类本来就是自然的一个组成部分，但是近几百年来人类社会非理性超速发展，已经使人类活动成了影响地球上各圈层自然环境稳定的主导负面因子。森林和草原植被的退化或消亡、生物多样性的减退、水土流失及污染的加剧、大气的温室效应突显及臭氧层的破坏，这一切无不给人类敲响了警钟。人类必须善待自然，对自己的发展和活动有所控制，人和自然的和谐发展就当然地成为科学发展观的重要内容之一。

要做到人和自然的和谐发展很不容易。因为一方面必须了解和掌握自然规律，了解和掌握各种人类活动与自然环境之间的错综复杂的相互关系，这本身是一项艰巨的、需要长时间进行探索的重大科学问题；而另一方面，人类社会发展的势头，包括人口的增长、社会的变动、活动的范围、消费的方式都是难以控制的。即使为了在一定水平上维持现有人口的生存，也还需要消耗相当数量的自然资源，对自然环境产生不小的影响，这些问题在现有的科技和经济发展水平下还很难躲开。因此在协调人和自然的关系时，人们往往处于两难的境地。要贯彻人和自然和谐发展的原则，首先当然要了解自然，尊重自然规律，再不要以牺牲自然环境为代价来搞发展。这就要适度限制发展的行为，选好发展的领域，改变发展的方式，充实发展的科技含量，以最少的资源消耗和环境影响来取得最大的效益。

了解自然，尊重科学，以人为本，全面协调。经过努力，力争取得高效的可持续的发展，这是我们共同努力的方向。

粮食危机

世界粮食现状

2014年，粮农组织发布的《粮食不安全状况2014》报告指出，世界饥饿人口已达10.2亿，创历史最高水平。有些年份粮食开始收获的时候，世界粮食库存量仅够维持几十天，全球粮食储备量减少，价格上扬。

粮食需求增长速度超过粮食供应的情形越来越严重，由此引发的粮食价格飞涨将严重威胁处于混乱边缘的国家的政府。饥饿的人们买不到或种不出所需的粮食，就开始走上街头。

当一个国家的政府不能保障个人安全和粮食安全，不能提供教育和卫生保健等基本社会服务时，这个国家

饥饿的孩子

就失败了。失败国家常常失去对部分或全部领土的控制。当政府失去权力时，法律和秩序就开始瓦解。超过某个临界点，这个国家就会变得非常危险，连粮食救援人员的人身安全都无法保证，救援工作也会被迫中止。比如在索马里和阿富汗，不断恶化的形势已经使粮食救援工作处于危险之中。

失败国家引起国际关注，主要原因在于这些国家可能成为恐怖分子、毒品、武器和难民的滋生地，威胁着世界各地的政治稳定。索马里曾位列失败国家名单之首，海盗猖獗；伊拉克曾位列第五，成了恐怖分子训练的温床；阿富汗是世界主要的海洛因供应地；卢旺达大规模种族屠杀之后，难民（其中包括数以千计的武装士兵）对邻国刚果民主共和国的动荡起了推波助澜的作用。

我们的全球文明建立在一个由政治健全的国家构成的运作网络基础之上，这个网络控制传染病传播、管理国际货币体系、遏制国际恐怖主义，实现大量其他的共同目标。如果控制小儿麻痹症、SARS 或禽流感等传染病的体系崩溃了，人类就将陷入困境；一旦国家失败，就没有任何人对其外部债务承担偿还责任；如果崩溃国家达到一定数量，就将威胁全球文明的稳定。

粮食短缺新类型

2007 年和 2008 年世界粮食价格猛涨及其对粮食安全的威胁，性质与过去的粮食价格上涨截然不同，更加棘手。20 世纪后半叶，粮食价格有过几次大涨。例如 1972 年，苏联提前预见该国粮食减产，悄悄囤积小麦。结果，其他地方的小麦价格上涨了 1 倍以上，稻米和玉米价格也水涨船高。不过此次和其他几次粮食价格上涨，都是由特定事件驱动的，比如苏联干旱、印度季风季节灾害和高温造成的美国玉米减产等；而且这类价格上涨都是短暂的，通常在下一个收获季节，价格就会恢复到正常水平。

2007 年开始的世界粮食价格上涨却是由趋势本身驱动的；趋势不逆

转，价格就不可能下降。就粮食需求而言，这些趋势包括：全球人口每年持续增加7000万以上；越来越多的人希望把食物链升级到耗用大量粮食的畜产品；美国把大量粮食用于生产燃料乙醇。

与富裕程度提高有关的额外粮食需求，在各个国家之间存在较大差异。在印度等低收入国家，人们所需热量的60%由谷物提供，每人每天直接消耗谷物略多于0.5千克。在美国和加拿大等富裕国家，每人每天谷物消费量几乎为印度的4倍，但90%的消费量为间接消费，即用谷物饲喂动物来生产肉、奶和蛋。

随着低收入国家消费者收入提高，未来谷物潜在消费量非常巨大。但是，这种潜在消费量与汽车燃料作物的无止境需求比起来，就是小巫见大巫了。

粮食经济与能源经济的合并意味着，如果谷物的粮食价值低于燃料价值，市场就会把谷物用于能源经济。这种双重需求导致汽车和人对谷物供给的激烈竞争，并引发史无前例的政治和道德问题。美国打算利用谷物生产燃料来降低对外国石油的依赖程度，这是误入歧途的做法，正在制造前所未有的全球粮食危机。

水资源短缺是最直接原因

全球变暖引起的淡水资源短缺、表土流失和温度升高（及其他影响），使全球粮食供应增长越来越难以赶上需求增长。其中，水资源普遍短缺是最直接的威胁。灌溉是最大的挑战，占用了全球淡水用量的70%。在许多国家，数以百万计的灌溉水井抽取地下水的速度超过了降雨对地下水的补充速度。结果造成组成世界一半人口的国家地下水位不断下降，这些国家中包括中国、印度和美国3个粮食生产大国。

通常，蓄水层是可以补充的，但是一些最重要的蓄水层——"化石"蓄水层，却是不可补充的。之所以称为"化石"蓄水层，是因为它们存储远古的水，并且不能被补充。美国大平原地下巨大的奥加拉拉蓄水层、沙特蓄水层和中国华北平原地下的深蓄水层都属于"化石"蓄水层，它们的枯竭就意味着无水可抽。在干旱地区，地下水枯竭也预示农业将完全终结。

干涸的土地

华北平原的小麦产量占中国全国1/2以上，玉米产量占全国1/3，那里的地下水位下降迅速。过度抽取地下水已经耗尽了该地区浅蓄水层的大部分水，迫使打井者瞄准深蓄水层，而深蓄水层是不可补充的。世界银行的一份报告预测，如果水供需不能快速恢复平衡，"将对子孙后代造成灾难性后果"。

中国是世界最大的小麦生产国，随着地下水位下降和灌溉水井干涸，自1997年达到历史最高水平1.23亿吨以来，中国的小麦产量已经下降了8%。同期中国水稻产量下降4%。这个世界人口最多的国家可能很快就需要进口大量粮食。

印度水资源短缺的形势更加令人担忧。粮食消费和生存需要之间的余地更加狭小。数百万口灌溉水井几乎使印度每个邦的地下水位全部下降。弗雷德·皮尔斯在《新科学家》杂志中报道：

印度一半的传统手打井和数百万口浅层管井已经干涸，大量以此为生的人因此自杀。在印度的许多邦，大面积断电正在成为常事，因为那里超过半数电量都要用于从1千米之下抽取地下水。

世界银行的一项研究指出，15%的印度粮食是靠抽取地下水生产的。换句话说，1.75亿印度人所需粮食的生产用水来自灌溉水井，而这些水井会很快干涸。持续水资源供应短缺可能导致不可收拾的粮食短缺和社会冲突。

耕地面积减少加剧粮食危机

第二个令人烦恼的趋势——表土流失的范围也很惊人。大约世界1/3的耕地，表土侵蚀速度快于新土形成速度。这层植物必需的、薄薄的营养物质，是文明的基础，需要经过漫长的地质年代才能形成，但通常只有15厘米厚。风蚀和水蚀引起的表土层流失曾经毁灭过多个早期文明。

2002年，一个联合国小组评估了莱索托的粮食形势（莱索托是一个小小的内陆国家，四周被南非环抱，人口200万）。这个小组得出的结论非常明确："莱索托的农业濒临崩溃，作物生产不断萎缩。如果不采取措施扭转土壤侵蚀、土壤退化和土壤肥力下降的趋势，莱索托大片土地将无法进行作物生产。"

地球表面温度不断上升是粮食安全的第三个环境威胁，可能也是最普遍的威胁，能够影响世界各地的作物产量。世界许多国家都是在最适宜或接近最适宜的温度条件下种植作物，哪怕生长季节的温度细微上升，都可能导致作物收成减少。美国国家科学院发布的一项研究已经证实了作物生态学家的经验法则：温度相对于正常气温每上升1℃，小麦、水稻和玉米产量就会下降10%。

过去应对粮食需求不断增长的措施是，采用各种科学技术来提高农业产量。20世纪60年代和70年代，化肥、灌溉、高产小麦及水稻品种的应用革新创造的"绿色革命"，就是最著名的案例。但这一次，许多最有效的农业技术早已投入使用，土地长期生产率的提高速度正在缓慢降低。1950～1990年期间，世界粮食亩产量年增长率达到2%以上，超过人口增长率。但是从那以后，粮食单产年增长率降到了1%多一点。一些国家的粮食单产——包括日本和中国的水稻单产，似乎已经接近了

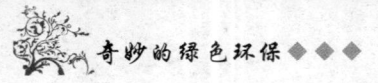

可能的极限。

一些评论者把转基因作物当作走出困境的途径。遗憾的是,没有任何转基因作物可以使单产有令人惊喜的提高,能够与"绿色革命"期间小麦和水稻单产翻一番的情况一较高下。以后似乎也不可能做到这一点,根本原因在于,常规作物育种技术已经开发了作物单产的大部分提升潜力。

各国之间的粮食争夺

随着世界粮食安全问题日益严峻,粮食短缺的危险政治角力将开始大行其道:单个国家按照狭隘的私利行动,实际上会使更多国家的处境不断恶化。这种趋势始于2007年,当时俄罗斯和阿根廷等小麦主要出口国限制或者禁止粮食出口,希望借此保证本国粮食供应,从而降低国内粮食价格;世界第二大稻米出口国越南,也以同样的理由禁止稻米出口好几个月。这些举措可能保证出口国居民的生活水平,却对那些必须依赖当期世界可出口粮食余量生活的粮食进口国造成了恐慌。

为了应对这些限制措施,粮食进口国试图签订长期双边贸易协定,从而保证未来粮食供应安全。由于不能再依靠世界市场获得大米,菲律宾最近与越南达成了一项3年交易协议,保证每年获得150万吨稻米。对粮食进口的忧虑甚至催生了全新的解决方法:进口国去其他国家购买或者租赁农用地。

尽管采取了这些措施,许多国家仍然深受粮食价格飙升和饥荒蔓延之苦,社会秩序也被严重破坏。在泰国的几个省,"盗米贼"活动猖獗,村民们不得不在夜间荷枪实弹守卫稻田;在巴基斯坦,每辆运粮卡车都有一名武装士兵护送;2008年上半年,苏丹83辆运粮卡车在到达尔富尔救济营前遭到劫持。

没有一个国家能够免遭粮食供应紧张形势的影响,甚至世界粮仓美国也不能幸免。如果中国面向世界市场寻求大量粮食,就不得不向美国购买粮食。这意味着美国国内的消费者将跟13亿收入飞速增长的中国消费者争夺美国的谷物收成——这绝对会是一场噩梦。在这种情况下，限制出口将是美国很乐意干的一件事情——20世纪70年代，美国国内谷物和大豆价格飙升时，他们就是这样做的。但面对中国，限制出口根本不可能行得通。如今，中国掌握着数万亿美元，还是美国为解决财政赤字而发行的国债的主要国际买家。因此不管粮食价格涨到多高，美国消费者都不得不与中国消费者分享粮食。

解决办法

既然世界粮食短缺是大势所趋，要解决粮食危机，就必须扭转导致这些问题的环境趋势。要做到这一点，就需要采取极其严格的措施，要求大大超越常规做法，即采用挽救文明的特别计划。

这个计划由4个部分组成：采取大规模行动，使2020年的碳排放比2006年减少80%；到2040年，把世界人口维持在80亿；消除贫困；恢复森林、土壤和蓄水层。

1. 系统地提高能源利用效率，为可再生能源发展大规模投资，就能减少二氧化碳净排放量。我们还必须禁止全球森林砍伐（已经有几个国家这么做了），并种植数以十亿计的树木固碳。征收碳税可以促进从化石燃料向可再生能源转变，同时通过降低所得税来抵减碳税。

2. 稳定人口和消除贫困密切相关。实际上，加速向小规模家庭转变是消除贫困的关键。保证所有儿童，不论男女，至少接受小学教育是行之有效的措施之一。另一条措施是提供基本的乡级卫生保健，这样人们才能够确信他们的孩子能够活到成年。世界各地的妇女都必须有享受生殖卫生保健服务和计划生育服务的权利。

3. 恢复地球自然系统和资源，联合实施一项世界性计划来提高用水效率，阻止地下水位下降。节约每一滴水就是切实有效的行动。这就意味着必须转而采用更有效的灌溉系统，并且种植水利用效率更高的作物。对一些国家而言，这就意味着多种（多吃）小麦，少种（少吃）稻米，因为水稻是高耗水作物。对工业和城市来说，这就意味着不断地循环用水，一些产业和城市已经在这样做了。

4. 采取一项世界性的行动来保护土壤，就像20世纪30年代美国治理尘暴那样。修筑梯田；种植防护林，防止土壤风蚀；采用最低限度的耕作措施，不翻耕土壤，把作物残茬留在田地里，这些都是最重要的土壤保护措施。

茂盛的防护林

这4个相互关联的目标并非什么新鲜事物。多年来，人们一直在分别讨论它们。实际上，我们已经建立了完整的机构来解决其中一些问题，例如建立世界银行来减少贫困。至少就其中一个目标而言，我们在世界部分地方取得了重大进展——提供计划生育服务，向更小规模家庭转变，这样可以保持人口稳定。

我们面临的挑战不仅是完成这个计划，而是要更快速地完成这个计划。世界的命运将取决于政策拐点和自然拐点之间的竞赛结果。我们关闭燃煤发电厂的速度能足够快，快到能阻止格陵兰冰盖滑入大海，防止海岸线被淹没吗？我们减少碳排放的速度能足够快，快到能保护亚洲山地冰川吗？在干旱季节，山地冰川融水供给了印度和中国的主要河流，支撑了数以亿计的人口生存。我们能在印度、巴基斯坦和也门等国家因作物灌溉所需的水资源短缺而毁灭之前使人口稳定在一定范围内吗？

无论怎样估计我们面临困境的紧迫性，都不会言过其实。遗憾的是，我们并不知道在格陵兰冰盖消失之前，还能有多长时间利用煤炭发电来照亮我们的城市。自然设定了最后期限，自然是计时员；而我们却不能看见她所用的计时器。

我们迫切需要一种新思维方式，一种全新的心态。而使我们陷入困境的思维方式，不会帮助我们走出泥潭。

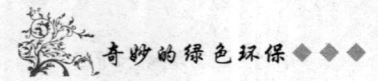
奇妙的绿色环保

新型能源的开发

自从原始人懂得使用火以后，能源就成了人类文明的重要物质基础。到了近代，能源技术出现了3次重大突破，即蒸汽机、电力和原子能的发明及应用。这三次突破，成为推动社会生产力飞跃发展的巨大动力。

在近代，世界能源结构有过2次大的转变：第一次是从18世纪开始从薪柴转向煤；第二次是从20世纪20年代开始，从煤转向石油和天然气。现在，世界能源正在经历着第三次大转变，就是从石油和天然气逐步转向新能源。

煤、石油、天然气都是不能再生的矿物燃料，用去一点就会少一点，总有一天会被全部用完。另一方面，新技术革命的兴起带来了许多新的生产体系，相应地对能源系统也提出了清晰的要求，其中特别是要求尽可能地采用可以再生的、分散的、多样化的能源。因此专家们认为，新能源是世界新的产业革命的动力，是未来世界能源系统的基础。换句话说，新能源必将成为未来世界能源舞台上的主角。

据专家们预测，大约到21世纪中叶前后，核能、太阳能将成为世界能源系统的支柱。

今天的人类已步入信息时代。今天的能源，已经今非昔比，已经不是指某一两种单一的物质，而是汇合煤、石油、天然气、水力、核能、太阳能、地热能、风能、海洋能以及沼气能（生物质能）、氢能、电能等等的总称。

1992年9月在西班牙首都马德里召开的第15届世界能源大会上，提出了"能源与生命"的响亮口号。世界各国的有识之士都在大声疾呼，呼吁各国政府尽可能限制化石能源消耗量的增长，并大力发展可再生能源。据当时欧共体国家统计，在这些国家中若能以可再生能源取代目前所用化石燃料发电量的1%，那么每年将可减少1500万吨二氧化碳的排放量，仅这一项所带来的环境效益就是十分惊人的。

专家们预计，在今后二三十年内，将是新能源（包括核能和可再生能源）技术大发展的时期。根据世界能源会议的有关资料，目前世界新能源的开发总量大约是1.5亿吨油产量，预计到2020年将达到15亿吨油产量。

专家们还预计，在今后，拉丁美洲和中国及太平洋地区可再生能源的发展比重最大，约占世界总量的45%；其次为北美和中南亚地区，约占世界总量的25%。而从新能源技术的发展来看，北美、拉美和中国及太平洋地区的发展潜力最大，约占世界新能源发展总量的65%以上。

我国作为一个人口众多的发展中国家，尽管拥有相当数量的煤和石油资源，也拥有一些天然气资源，但是按人均值来计算，我国在世界上仍属于贫能国。在当前经济迅猛发展、能耗直线上升而环境问题日趋严峻的形势下，我国更是特别需要有一个长远的能源发展战略，要在厉行节能的前提下，采取多能互补的政策，特别要下大力气开发利用新能源和可再生能源。

从长远来看，人类要在这个星球上长期生存和繁衍下去，就非大力发展可再生能源不可。因为化石能源不可能永远利用下去，只有可再生能源才是取之不尽、用之不竭的。近代物理学和天文学已经充分证明，以天体物理运动所发出的能量为基础的可再生能源，实际上是无限的，它能与日月同辉，和宇宙共存。

开发新能源的必要性

能源问题对社会经济发展起着决定性的作用。20世纪50～70年代，由于中东廉价石油的大量供应，导致整个资本主义世界经济的飞速发

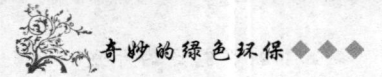

展。而1973年中东战争爆发以后，由于中东各国限制石油产量，提高石油价格，带来了资本主义世界长时间的经济危机。争夺能源，成了持续8年之久的两伊冲突及1991年春天震惊世界的海湾战争等一系列国际争端的导火索。

根据国际能源专家的预测，地球上蕴藏的煤炭将在今后200年内开采完毕，石油将在今后三四十年内告罄，天然气也只能再维持五六十年。可见，能源问题必将成为长期困扰人类生存和社会发展的一个主要问题。

国际经济界提供的分析统计数据表明，由于能源短缺而造成的国民经济损失，相当于能源本身价值的20～60倍。1956年，美国由于短缺1.16亿吨标准煤，使得其国民生产总值减少了930亿美元；日本由于短缺0.6亿吨标准煤，导致其国民生产总值减少了485亿美元。1988年，我国由于缺电而导致国民生产总值减少了2000亿元人民币，这个数目相当于这一年我国国民生产总值的1/60，无怪乎人们把能源比作社会经济发展的"火车头"。

新能源是一个相对的概念，是相对于已成熟的、常规的能源而言的。开发新能源，是出于实际需要。我们知道，已经探明的不可再生能源的储量是十分有限的。煤、石油、天然气的储量至多只能再供人类节省地使用几百年。水力资源在很多发达国家也已开发殆尽。然而，社会的发展、人口的增长、环境的恶化、资源的减少，对能源提出越来越高的需求。靠什么才能获得持久和强大的能量，来保证子孙万代的需要呢？只能竭尽全力的去开发新能源。

能源的分类

能源的分类方法很多。通常把直接来自自然界而未经加工转换的能源，如煤、石油、天然气、生物燃料、油页岩、水能、核能、太阳能和海洋能等，叫做一次能源；而把从一次能源直接或间接转化而来的能源，如煤气、汽油、电能、蒸汽、沼气、氢能和激光等，叫做二次能源。

根据不同的使用情况，还可以把能源分为燃料能源和非燃料能源。燃料能源包括矿物燃料（如煤、石油、天然气等）、生物燃料（如沼气、柴草、有机废物等）、化工燃料（如甲醇、丙烷、酒精等）和核燃料（如铀、钍、钚、氚等）；非燃料能源包括风能、水能、潮汐能、地热能、太阳能和激光等。

还可以把一次能源划分为可再生能源和非再生能源。所谓可再生能源，是指它不会随其本身的转化或者人类的利用而逐渐减少的能源，就是说它具有天然的自我恢复能力。像水能、风能、地热能和太阳能等，它们都可以源源不断地从自然界中得到补充，都是典型的可再生能源。而非再生能源正好与此相反，用去一点就会少一点，越用越少，不能再生。像煤、石油、天然气和核燃料等，都是典型的非再生能源。

从总体上说，目前世界上所使用的能源仍是以煤、石油、天然气等非再生能源为主。这些非再生能源总有一天是要用完的，加之它们在燃烧时污染环境，并且热能的利用率不高，因此目前世界各国都在加紧研究开发新能源，以满足日益增长的社会经济发展的需求。

大自然赋予人类的能源是多种多样的，可以把它们分为常规能源和新能源两大类。技术上比较成熟而使用较为普遍的能源称为常规能源，如煤炭、石油、天然气、水能等。近几十年才开始利用或正在开发研究的能源称为新能源，如太阳能、核能、沼气能、风能、氢能、地热能、海洋能、电磁能等。

潜力无限的新能源

核　能

1954年，前苏联建成世界上第一座核电站。多年来，特别是最近一二十年来，核能技术发展很快。现在全世界有几十个国家在发展核能发电，已经建成和正在兴建的核电站总计达500多座，目前核能发电已达世界电力需求的20%左右。

中国大亚湾核电站

1. 它的能量巨大,而且非常集中。根据计算,1克铀235原子核裂变时所发出的能量相当于2.5吨标准煤完全燃烧时所释放的热能,或相当于1吨石油完全燃烧时所释放的热能。

2. 运输方便,适应性强。有人把核电站与火电站作了个形象的比较:一座20万千瓦的火电站,一天要烧掉3000吨煤,这些燃料需要用100个火车皮来运送;而一座发电能力与此相当的核电站,一天只需要消耗1千克铀,而1千克铀的体积大约只有3个火柴盒摞起来那么大。

3. 核资源储量丰富,可以说取之不尽、用之不竭。尽管现已探明的陆地上的铀资源很有限,但海水中的铀资源极为丰富,每1000吨海水中大约含铀3克,世界各大洋中铀的总含量可达40多亿吨。不过,从海水中提取铀在技术上还有一些难题需要进一步研究解决。

4. 核电成本低,一般比火力发电低20%~50%。

目前世界各国的核电站大多数采用"热中子反应堆"(简称"热堆")。在这种反应堆中有用的核燃料是铀235,而铀235只占天然铀总量的0.7%,其余都是核废料铀238。为使目前的核废料变成发电的有用之物,必须加紧发展"快中子反应堆"（简称"快堆"）技术。

其实核电是一种安全、经济、清洁的能源。从经济上说，核电站的一次性投资确实要比火电站大一些。以我国秦山核电站为例，每千瓦单位造价大约需要 4000 元，而火电站一般在 1900 元左右。然而，衡量电站的经济性，不仅要看最初的基建投资，还要计算电站运行以后消耗的燃料、设备折旧、维护管理等费用。以装机容量吉（10^9）瓦的火电站与核电站作对比，光每年耗费的燃料一项，火电站需要 300 万～350 万吨原煤，而核电仅需 30 吨核燃料。请想一想，300 万吨煤需要多少列火车、多少艘轮船来运输，又需要多大一个燃料堆放场地！国际上对核电的成本与煤电成本作过比较，在法国，煤电成本是核电成本的 1.75 倍，德国为 1.64 倍，意大利为 1.57 倍，日本为 1.51 倍，韩国达到 1.7 倍。美国早在 1962 年就使核电成本低于煤电成本。这是核电在一些国家得到较快发展的原因之一。

一些读者也许还在为核电站排放的废气、废物、废水而担心。有位专家这样说，核电站的运行，既不释放火电站所必然产生的氧化氮、二氧化硫，也不产生二氧化碳。这些是造成酸雨、黑雨及温室效应的主要因素。因此说，核电是比较清洁的能源。研究、设计者考虑了核电站的三废处理问题。从核电站卸出的核燃料，即燃烧过的乏燃料，在密封条件下作专门处理。废水、废气同样经过安全处理。至于核电站对周围环境的辐射问题，有这样一些数据可以说明：人们在核电站周围住上一年，所受到的辐射量，还不到一次 X 线透视的几十到几百分之一。以核电站最多的美国为例，它的核电站使每个美国人增加的辐照量，比自然界原本存在的放射性照射量的 0.1% 还小。这大概可以说明核电的"清洁"了吧。

太阳能

太阳内部不停地进行着热核反应（氢变为氦），同时释放出巨大的能量。太阳辐射到地球上的能量只占其辐射总能量的极小部分（约 $1/22 \times 10^8$），地球每年所接收的太阳能至少有 6×10^{17} 千瓦小时，这相当于 74 ×

10^{12} 吨标准煤的能量。其中被植物吸收的仅占 0.015％，被人们作为燃料和食物的仅占 0.002％，可见利用太阳能的潜力很大，开发利用太阳能大有可为。开发利用太阳能存在两个关键性问题：一是如何提高太阳能的转换效率；二是降低成本。这两个问题是相互关联的。美国波音公司已研制出高性能的串联型太阳能电池，其光电转换效率在地面上为 35.6％，在太空中为 30.8％。美国推出的新型太阳能接收器，其热能转换率可高达 90％。美国麦迪森公司在莫哈韦沙漠建造的设备先进的太阳能电站，其发电能力达 10 吉（10^9）瓦。澳大利亚利用激光技术制成的太阳能电池，在不聚焦时光电转换率达 24.2％，其成本已降低到与一般的柴油发电相当。苏联利用气体分子结合技术研制的光热反应器，能把太阳光转换成高值热能。

太阳能电池

太阳能取暖

太阳能取之不尽，用之不竭，如用它来取暖，无疑是十分方便、十分清洁的。近年来，世界各国建造了许多利用太阳能取暖的太阳房，这种太阳房冬暖夏凉，居住十分舒适。

太阳房分两类：主动式和被动式。主动式需要专门的集热器、循环泵和辅助设备，还要消耗一定的电力，投资大，技术要求高，不易普及。被动式则简单得多，它是在向阳的南墙上涂上黑色，加上木框，装上玻璃，构成一个集热盒。盒的上下对角各开一个通道，当盒中空气吸收阳光的能量而变热后，就通过上部的通道进入室内，室内冷空气则通过下部通道进入盒内，用不了多长时间，室内就会变暖。到了夏季，打开室内的北窗户，关掉集热盒的上部通道，再把集热盒的上部排气孔打开，这样，集热盒就成了一个抽风机，使室外的空气经北窗进入室内，又经集热盒下孔进入盒内，从盒的排气孔排出。于

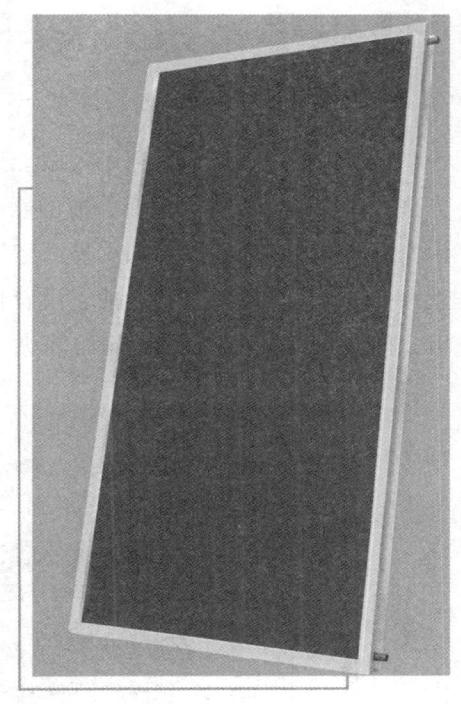

平板太阳能热水器

是室内的空气就可以不断流通，使室温保持在比较凉爽的程度。

太阳能制冷

太阳能既然是一种能源，那么，它就应当会干各种"做功"的工作。和电冰箱的制冷原理相类似，太阳能也能制冷，只不过太阳能制冷设备所用的工质不是氟利昂，而是氨水或溴化锂。它的结构大体上由集热器——氨发生器、换热器、冷凝器、冰箱蒸发器、吸收器和氨循环泵等6个部分组成。中国建筑科学院空调所和北京棉纺三厂进行过这样的试验：以一个64平方米、高4.1米的房间为空调对象，集热器面积为40平方米，采用氨水吸收式制冷，致冷量可达7000千卡/时（4.1868×7000 千焦/时），效果是令人满意的。

利用这个原理，已制出了各种不同的太阳能制冰机，这样，"让太阳晒

出冰棍"的说法就不是什么笑话，而是活生生的事实了。

太阳能发电

科学家们一致认为，利用太阳能气流发电是一种最经济最高效的发电方法。在一座用透明塑料板盖成的巨大温室的顶棚中心，竖立着风筒，当温室里的空气被太阳加热到比外面空气温度高 60～67℃时，外面的冷空气就会推压温室内的热空气，使它沿着长长的风筒上升而形成一股强大的气流，推动安装在风筒上的叶轮而带动发动机发电。

太阳能发电系统

太阳能使海水淡化

在茫茫的大海中航行，或在荒寂的孤岛上居住，如果淡水用完了，那可是要命的事。但是，太阳能能够帮助我们，这就是太阳能海水蒸馏器。

这种蒸馏器以涂上黑色的水泥做的浅池为基础，上面用玻璃顶棚盖起来。把海水灌进水泥池，当阳光被黑色池底吸收后，海水就被加热、蒸发，水蒸气在玻璃顶棚上冷凝成水，顺顶棚流入水泥池周围的集水槽。集水槽是和池子分开的，这样就得到了淡水。当然，这种利用太阳能制造淡水的办法并不是临渴掘井想出来的，而要事先有所准备。再说，这种蒸馏器占地面积很大，效率也不高。但是，它不需要其他能源，运转费用低，只要不是临渴掘井，而是未雨绸缪，还是能够解决大问题的。

氢 能

在众多的新能源中，氢能以其重量轻、热值高、无污染、应用面广等优点，被誉为21世纪的理想能源。苏联在1989年成功地将液态氢用于重型飞机的飞行。德国的科学家计划在19世纪末让第一架用氢气驱动的"空中客车"飞机飞上蓝天。美国已研制成世界上第一辆以氢气为动力的汽车。特别值得一提的是，美国国家航空航天局正计划把一种光合细菌——红螺菌带上太空，用它所释放出的氢气来作为能源，供航天器使用。这种红螺菌生产成本低，生长繁殖快，在农副产品加工厂的废水、废渣中均可以进行培养。科学家们已研制出利用阳光分解水来制氢的方法。就是在水中加入催化剂，在阳光照射下，产生光化学反应而分解出氢。

氢能汽车

地热能

地热作为一种新能源，以其干净、无污染、成本低而日益受到人们的青睐。地热能在地下的贮存形式有热水型、蒸汽型、干热岩型、地压型、岩浆型等多种形式。现在，人们除了用热水型地热能来发电、洗浴、取暖和灌溉之外，为了更充分地利用分布很广的干热岩型地热能，还在广泛地开凿人造热泉。美国于上个世纪70年代建成世界上第一眼人造热泉，每小时可回收149～156℃的热水20吨，美国还在建造发电能力为50兆瓦的人造热泉热电厂。法国开凿了6眼人造热泉，其中第二眼井深达6000米，每小时可供应200℃的热水100吨。

实际上，人们是通过利用各种温泉、热泉来认识地热能的。2000多年前，我国东汉时期大科学家张衡就曾采用温泉水治病。此外，我们的祖先很早就利用温泉的热水进行洗浴和取暖等。

1904年，意大利人拉德瑞罗利用地热进行发电，并创建了世界上第一座地热蒸汽发电站（装机容量为250千瓦）。由于当时技术条件的限制，此后很长时间内地热在发电方面的应用一直停步不前。

地热奇观

20 世纪 60 年代以来，由于石油、煤炭等各种能源的大量消耗，美国、新西兰、意大利等国又对地热能重视起来，相继建成了一批地热电站，总计约有 150 多座，装机总容量达 3500 兆瓦。

利用地热发电，是地热能利用的最重要和最有发展前途的方面。与其他电站比较，地热电站具有投资少、发电成本低和发电设备使用寿命长等优点，因而发展较快。

地热电站的工作原理与一般的火电站相似，即利用汽轮机将热能转换成机械能，再由发电机变成电能。由于地热资源有高温干蒸汽、高温湿蒸汽和热水等不同种类，所以地热发电的方法也不同。

以高温干蒸汽为能源的地热电站，一般采用蒸汽法发电。它的发电的工作过程是，当把地热蒸汽引出地面后，先进行净化，即除掉所含的各种杂质，然后就可送入汽轮发电机组发电。如果地热蒸汽中的有害及腐蚀性成分含量较多时，也可以把地热蒸汽作为热源，用它来加热洁净的水，重新产生蒸汽来发电。这就是二次蒸汽法地热发电站。目前全世界约有 3/4 的地热电站属于这种类型。

美国加州的盖瑟斯地热电站，就是二次蒸汽法地热电站的典型代表。它的装机容量达 500 兆瓦以上，是目前世界上最大的地热电站。

以高温湿蒸汽为能源的地热电站，大多采用汽水分离法发电。这种高温湿蒸汽是兼有蒸汽和热水的混合物，通过汽水分离器把蒸汽和热水分开，蒸汽用于发电，热水则用于取暖或其他方面。

以地下热水为能源的地热电站，通常用地下热水为热源来加热低沸点的物质如氯乙烷或氟利昂等，使它们变成蒸气来推动汽轮发电机组发电。这就是通常所说的低沸点工质法地热发电。

低沸点工质法地热发电所用的地热水的温度，通常低于 100℃。用这种热水来将低沸点物质加热变成蒸气，它们在推动汽轮发电机组发电后，在冷凝器中凝结，再用泵重新打回热交换器，从而反复使用。

俄罗斯在堪察加半岛南部建造的低沸点工质法地热电站，所用的地热水温仅有 70~80℃，以低沸点的氟利昂（沸点为零下 29.8℃）为工质，在 1.9 兆帕（18.8 大气压）的压力和地热水的温度为 55℃ 的条件下，低沸点工质便可沸腾，产生蒸气来发电，其总装机容量为 680 千瓦。

地热能除了用来发电外，人们还把它用于工农业生产、沐浴医疗、体育运动等许多方面。

在工业上，地热能可用于加热、干燥、制冷、脱水加工、提取化学元素、海水淡化等方面。在农业生产上，地热能可用于温室育苗、栽培作物、养殖禽畜和鱼类等。例如，地处高纬度的冰岛不仅以地热温室种植蔬菜、水果、花卉和香蕉，近年来又栽培了咖啡、橡胶等热带经济作物。在浴用医疗方面，人们早就用地热矿泉水医治皮肤病和关节炎等，不少国家还设有专供沐浴医疗用的温泉。

地热在世界各地的分布是很广泛的。美国阿拉斯加的"万烟谷"是世界上闻名的地热集中地，在 24 平方千米的范围内，有数万个天然蒸汽和热水的喷孔，喷出的热水和蒸汽的最低温度为 97℃，高温蒸汽达 645℃，每秒喷出 2300 万升的热水和蒸汽，每年从地球内部带往地面的热能相当于 600 万吨标准煤。新西兰约有近 70 个地热田和 1000 多个温泉。横跨欧亚大陆的地中海—喜马拉雅地热带，从地中海北岸的意大利、匈牙利经过土耳其、俄罗斯的高加索、伊朗、巴基斯坦和印度的北部、中国的西藏、缅甸、马来西亚，最后在印度尼西亚与环太平洋地热带相接。

我国是一个地热储量很丰富的国家，仅温度在 100℃ 以下的天然出露的地热泉就达 3500 多处。在西藏、云南和台湾等地，还有许多温度超过 150℃ 以上的高温地热资源。西藏羊八井建有我国最大的地热电站。这个电站的地热井口温度平均为 140℃，装机容量为 10 兆瓦。

我国北京是当今世界上 6 个开发利用地热能较好的首都之一（其他 5 个是法国的巴黎、匈牙利的布达佩斯、保加利亚的索菲亚、冰岛的雷克雅未克和埃塞俄比亚的亚的斯亚贝巴）。北京地热水温大都在 25～70℃。由于地热水中含有氟、氢、镉、可溶性二氧化碳等特殊矿物成分，经过加工可制成饮用的矿泉水。有些城区的地热水中还含有硫化氢等，很适合浴疗和理疗。

海洋能

辽阔的海洋蕴藏着极为丰富的可再生能源。那永不停息的海浪、潮汐、海流以及海水温差和海水压力等，都能为人类提供巨大的能量。据专家们估算，全世界海洋潮汐能的总储量为30亿千瓦，海流动能的总储量为50亿千瓦，海浪能的蕴藏量高达700亿千瓦。目前世界上最大的潮汐电站是日本的京道安山市始华潮汐电站，10台发电机合并，发电容量达25万千瓦。英国在1991年建成一座海浪发电站，它装有一台目前世界上最先进的海流发电设备——韦尔斯气动涡轮机。

覆盖地球大约2/3表面的是海水，所以大量的太阳能被海水所吸收。海水中蕴藏能量的形式很多，如潮汐能、波能、温差能、浓度差能、海水压力能、海流能以及海洋生物能等。

海洋温差发电

太阳辐射到地球上的热量，陆地吸收，空气也吸收，但都比不上海洋吸得多。这不仅是因为海洋占地球表面积的70%，而且还因为海水的热容量大：比土壤大2倍，比花岗岩大5倍，比空气大3000多倍。海水温差发电，就是想把海洋吸收的这些热量利用起来。

海水温差发电的原理很简单，即先将海洋表面温度较高的海水引入真空锅炉，由于压力突然大幅度下降，如降到0.03大气压下，24℃的水也会沸腾，于是温海水产生的蒸汽就可带动汽轮发电机发电，然后再用深层冷一些的海水冷凝；也可以用温度较高的表层海水给沸点较低的氨或氟利昂加热后发电。

在20世纪70年代末，美国已制成温差发电的实验装置，发电能力为50千瓦，有人计算，如果把南北纬20°以内的海洋充分利用起来，海水温度只需降低1℃，就将发出600亿千瓦的电，可见温差发电的潜力是很大的。

潮汐能

潮汐是在太阳和月亮的引力作用下产生的。涨潮时，海水带着巨大的动能，奔涌而来，水位逐渐升高，动能转化成位能。退潮的时候，水位下降，海水又呼啸而去，位能又转换成动能。海水在涨落时所带的这些能量叫潮汐能。

潮汐能可用于多方面，如发电。潮汐电站实质上就是一种水电站，是由水流推动水轮发电机。这样，涨潮和退潮的水流都可以利用。

1913年德国在北海海岸建成世界第一座潮汐发电站。1957年我国在山东建成了第一座潮汐发电站。1978年8月1日山东乳山县白沙口潮汐电站开始发电，年发电量230万千瓦时。1980年8月4日我国第一座"单库单向"式潮汐电站——江厦潮汐试验电站正式发电，装机容量为3000千瓦，年平均发电1070万千瓦时，其规模至今仍保持亚洲第一，世界第三。

潮汐发电站

海洋生物贮藏的能量很大

海洋每年生产大量的浮游植物，贮藏着巨大的能量。海洋中除浮游植物外，底栖藻也是很重要的能源，如巨藻等。巨藻收割后，进行发酵可以得到沼气，沼气是一种很好的能

海藻

源。美国从1978年开始,在海军的协助下,对海藻进行养殖和利用,收到了很好的效果。据估计,养殖4平方千米的巨藻,一年可生产10万千瓦的能量,是一种很有前途的能源之一。

海浪发电

奔腾的海浪,蕴藏着巨大的能量。据有人测试,海浪对海岸的冲击力每平方米可达20~30吨,大的甚至达到60吨。它可以把13吨重的岩石抛到20米的高处,使1700吨重的岩石翻身,还能把万吨轮船推到岸上。在1平方千米的海面上,一起一伏的海浪蕴藏着20万千瓦的能量。要是能用海浪来发电多好啊!

科学家通过一次又一次的试验,终于找到了一些波力发电的方法。

通常采用的是空气活塞式波力发电装置。它用一个直径60厘米、长4米的圆筒,上面有2个活塞室,垂直沉下海去,部分浮出水面,很像一个浮标。当波浪上下波动时,活塞室中的空气不断受到压缩和扩张,如同风箱一样。受压缩的空气从露出海面的喷口中以极快的速度喷出,冲向涡轮机使它快速旋转,带动发电机发电。

能量巨大的海浪

单个的这种浮标式波力发电装置的发电能力很小，建造装有许多个装置的试验船，力量就大了。一条长80米、宽12米、重500吨的船，装20个浮筒，在3米高海浪的海面上能发电2000千瓦。还有一种固定式波力发电装置。它把空气活塞室固定在海岸边，通过管道内水面的升降来代替浮标的上下，使活塞室内的空气反复受到压缩和扩张的作用。许多国家在研制一种气袋式波力发电装置，让一个个软质气袋浮在海面，用链状轴串连成排，好像一条横跨海面的粗大胶管。海浪扑打气袋，气袋里的空气受到压缩，压缩空气驱动空气涡轮机，再带动发电机发出电来。一套由4000个气袋组成的波力发电装置，可以发电200万千瓦。

还有一种叫"人造环礁"的波力发电装置，直径达75米，好像一个巨大的油煎环饼。只有顶部露出水面，海浪冲击环礁边缘，并从中央喷口涌出，就能带动涡轮机工作。

在每一公里长的海岸线上，大约可以从海浪那里得到几万千瓦的发电能量。我国有着漫长的海岸线，有着巨大的潜能。

风　能

风能是一种自然能源。据专家们估计，太阳每年辐射到地球上的热量约有20%被转换为风能，相当于10800亿吨标准煤的能量，是现在全世界一年消耗能量的100倍。目前世界上最大的风力发电装置安装在丹麦日德兰半岛海岸，其风车高达57米，发电能力为2兆瓦。美国已研制成一种新式可变速风力涡轮机，其输出功率为300千瓦。苏联研制了一种由气球运载到10千米高空的风力发电站，其发电容量为2兆瓦。这种风力发电装置一旦试验成功并投入应用，将为风能的开发利用开辟新的途径。

人类利用风能已有几千年历史，按用途分有风帆助航、风力提水、风力发电和风力致热等多种形式，其中风力发电是近代发展的最主要的形式。尤其是近10年来，风力发电在世界许多国家得到了重视，发展应用很快。应用的方式主要有这么几种：第一种是风力独立供电，即风力发电机输出的电能经过蓄电池向负荷供电的运行方式，一般微小型风力发电机多采用这种方式，适用于偏远地区的农村、牧区、海岛等地方使用。当然也有少

◆◆◆ 新型能源的开发

风力发电装置

数风能转换装置是不经过蓄电池直接向负荷供电的。第二种称为风力并网供电，即风力发电机与电网联接，向电网输送电能的运行方式。这种方式通常为中大型风力发电机所采用，稳妥易行，不需要考虑蓄能问题。第三种是风力—柴油供电系统，即一种能量互补的供电方式，将风力发电机和柴油发电机组合在一个系统内向负荷供电。在电网覆盖不到的偏远地区，这种系统可以提供稳定可靠和持续的电能，以达到充分利用风能，节约燃料的目的。第四种称为风—光系统，即将风力发电机与太阳能电池组成一个联合的供电系统，也是一种能量互补的供电方式。在我国的季风气候区，如果采用这一系统可全年提供比较稳定的电能输出，补充当地的供电不足。

我国已经成为全球风力发电规模最大、增长最快的市场。我国幅员辽阔、海岸线长，陆地面积约为 960 万平方千米，海岸线（包括岛屿）达 32,000 千米，拥有丰富的风能资源，并具有巨大的风能发展潜力。我国可开发利用的风能资源十分丰富，在国家政策措施的推动下，经过十年的发展，我国的风电产业从粗放式的数量扩张，向提高质量、降低成本的方向转变，风电产业进入稳定持续增长的新阶段。2015 年，全国累计安装风电机组 92981 台，累计装机容量 145362MW。

风力提水

风力提水是早期风能利用的主要形式，至今在许多国家特别是发展中国家仍在使用。风帆助航是风能利用的最早形式，现在除了仍在使用传统的风帆船外，还发展了主要用于海上运输的现代大型风帆助航船。1980年，日本建成了世界上第一艘现代风帆助航船——"新爱德"号，它有2个面积为12.15米×8米的矩形硬帆，其剖面为层流翼型，采用现代的空气动力学新技术。据统计，风帆作为船舶的辅助动力，可以减少燃料消耗：10%～15%。

风帆船

风力致热

风力致热是近年来开始发展的风能利用形式。它是将风轮旋转轴输出的机械能通过致热器直接转换成热能，用于温室供热、水产养殖和农产品干燥等。致热器有2类：一类采用直接致热方式，如固体与固体摩擦致热器、搅拌液体致热器、油压阻尼致热器和压缩气体致热器等。另一类采用间接致热方式，如电阻致热、电涡致热和电解水制氢致热等。目前风力致热技术尚处在示范试验阶段，试验证明直接致热装置的效率要比间接致热装置的效率高，而且系统简单。

电　能

电能是当今世界上最重要的一种二次能源。目前的发电方式，包括火力发电和核能发电，效率都不高。长期以来，人类一直在孜孜不倦地探索新的发电方式，并力图突破传统的能源转换方式。随着科学技术的进步，特别是高科技在能源领域的广泛应用，科学家们已经研究出某些前景诱人的新式发电方法，这些新式发电突破了传统发电方式的限制，可使一次能源转化为电能的效率大大提高，为实现能源工业的革命性变化创造条件。磁流体发电就是这些新式发电方法中的一种。

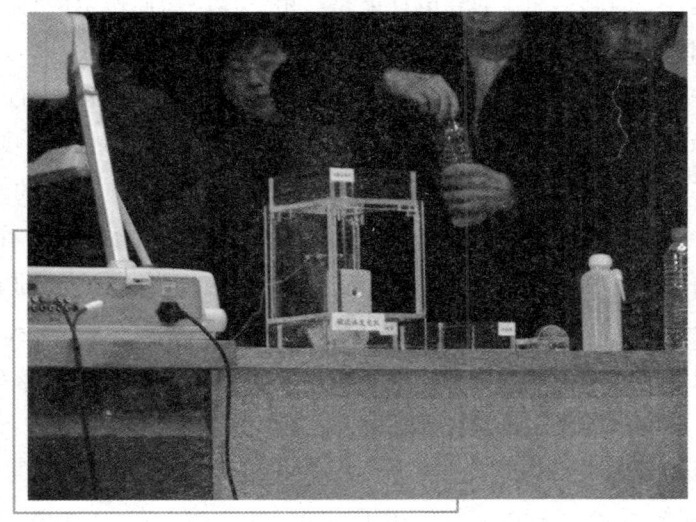

磁流体发电装置

磁流体发电的基本原理，是使高温导电流体高速通过磁场，切割磁力线，于是出现电磁感应现象而使得导体中出现感应电动势。当在闭合回路中接有负载时，就会有电流输出。磁流体发电的特点，是将热能直接转换为电能，而不是像传统的火力发电那样，要先将热能转换成机械能，然后再将机械能转换成电能。因此简而言之，磁流体发电是一种用热能直接发电的发电方式。在磁流体发电装置中，找不到高速旋转的机械部件。当导电流体高速通过磁场时，流体中的带电质点便受到电磁力的作用，正、负电荷便分别朝着与流体运动方向及磁力线方向相互垂直的两侧偏转。在此两侧分别安置着电极，并且它们都与负载相连，这时导电流体中自由电子的定向运动，就形成了电流。

高速通过磁场的导电流体可以是高温液体（如汞或其他高温液态金属）或高温气体（如燃气或惰性气体）。常温下的气体一般是不导电的，必须将气体的温度提高到6000℃以上，才能使气体电离而形成导电的等离子体。所谓等离子体，就是由热电离而产生的电离气体。

在高温条件下，气体的分子或原子最外层的电子由于热激发而脱离分子或原子，分离为自由电子和正离子。自由电子的数量越多，则气体的导电性能越好。因此，气体的导电性能是与由气体电离而产生的自由电子数量直接相关的。

用一般的燃烧方法很难使气体达到这样高的温度，并且现有的电极材料和绝缘材料也难以承受这么高的温度。因此，通常是在温度不超过3000℃的燃气或氩、氦等惰性气体中，掺入少量的电离电位较低的碱金属元素（如铯、铷、镓、钾、钠等）作为添加剂。这些元素的原子在不超过3000℃的较高温度下就能产生电离，使气体达到磁流体发电所需的电导率。

磁流体发电机包括三大部件：一是高温导电流体发生器，在以燃气为高温导电流体的磁流体发电机中，高温导电流体发生器就是燃烧室；二是发电和电能输出部分，即发电通道；三是产生磁场的磁体。

磁流体发电机结构紧凑，体积小，发电启停迅速，对环境的污染小，可作为短时间大功率特种电源，用于国防、高科技研究、地质勘探和地震预报等领域。目前世界上研制成功的磁流体发电试验机组的热效率虽然只有6%~15%。但它可作为前置级而与现有蒸汽发电厂组成磁流体—蒸汽联合循环发电站，这样就从理论上使热效率提高到50%以上。随着核电的发展，还可以利用核反应堆产生的热能来实现原子能—磁流体发电，以提高核电站的发电效率。

磁流体发电受到世界各国的广泛重视。苏联利用天然气作为燃料，于

20世纪70年代建造了第一座工业性磁流体—蒸汽试验电站,最高输出功率达20兆瓦;80年代又建成了总输出功率为58.2兆瓦的天然气磁流体—蒸汽联合循环示范商业电站。美国从1959年开始,就投入了大量的人力、物力、财力来从事磁流体发电的研究。日本、澳大利亚和印度等国也在磁流体发电的研究方面取得了一些重要的成就。

我国的这项研究起步较早,在20世纪60年代初就开始燃煤磁流体发电的研究。从1987年开始,磁流体发电正式列入国家"863"高技术研究发展计划,由中国科学院电工研究所、电子工业部上海成套研究所、东南大学热能研究所等有关单位分工合作,对燃煤燃烧室、发电通道、超导磁体、逆变器、特种锅炉、添加剂回收与再生、中试电站的系统分析与概念设计以及电极与绝缘材料进行研究,并已取得了较大进展。中科院电工所2号磁流体发电试验机组的发电功率达到了国际水平。

磁流体发电的高效率,有赖于超导磁体的研制和应用;磁流体发电机组的安全运行,有赖于性能优越的高温材料;磁流体发电方式的发展,有赖于廉价的添加剂和回收效率很高的添加剂回收装置;把磁流体发电技术应用于民用发电,有赖于具有相当容量和规模的燃煤磁流体—蒸汽联合循环电站。对于大容量燃煤磁流体发电和大型超导磁体的研制,在技术上还有很大难度,要达到实际应用,还有相当大的差距。

垃圾能源

开发城市垃圾能源,利用城市垃圾发电,化害为利,变废为宝,不仅减少了垃圾对环境的污染,还为解决当今能源匮乏问题开创了新路,是解决日益增多的城市环境污染和日渐短缺的常规能源的一种最佳选择。专家们预言,垃圾发电在21世纪将成为能源市场的一名新主角。

垃圾,是人类在生产和生活中遗弃的废料。随着世界经济的发展,人口的急剧增长,工业和生活垃圾越来越多。目前全球每年产生的垃圾总量达450亿吨,约人均8吨。其中,全球每年新增垃圾100多亿吨,递增速度高达8%~10%。如此丰富的垃圾资源已成为全球科技界开发的又一新领域。

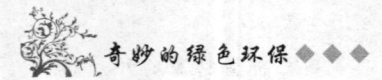

垃圾堆

随着人们环保意识的增强,绿色运动的兴起及全球能源短缺向人类亮出"黄牌"警告,城市垃圾的科学处理与合理利用,成为目前科技界高度重视的研究课题。世界各国科学家在寻求处理城市垃圾和开发利用各种新能源的途径中,发现被废弃的城市垃圾也是一种很有利用价值的新能源。

科学研究表明,在城市垃圾中,蕴藏着大量的二次能源物质——有机可燃物,其含有的可燃物的比例和发热值相当高。如通常城市生活垃圾中的灰渣,可燃物占27%;菜类可燃物占23.5%;纸类可燃物占84.4%;塑料可燃物占88%。综合起来,大约2吨垃圾燃烧的热量就相当于1吨煤燃烧时所发出的热量。因此,能源专家认为,一座城市的垃圾,就像一座低品位的"露天矿山",可以无限期地进行开发。而开发使用最经济有效的方法,就是开发城市垃圾发电。

城市垃圾能源的利用作为一项新兴的能源产业,近年来,迅速在全球蓬勃发展。目前,美、日、法、英、德、荷兰、意大利等工业发达国家都将垃圾发电列入国家"议事日程",投入大量资金和人力,运用现代高科技手段,大规模地开发城市垃圾发电新技术,并使其趋于商业化。目前,全球有800多座形形色色的垃圾电站在运行。德国1995年垃圾电厂有67座;美国有170多座垃圾电厂;日本目前有垃圾电厂125座,总发电能力450兆

◆◆◆新型能源的开发

人们正在填埋城市垃圾

瓦，到2010年垃圾电厂将达200座以上，总发电能力10吉瓦（10×10^9瓦）；英国将有50%以上垃圾用于发电。因此，城市垃圾发电作为一种新能源，其开发前景广阔。

当前利用城市垃圾发电，有多种途径。一种是利用城市垃圾填埋制取沼气，进行发电，而更主要的是将垃圾用焚烧炉燃烧的余热进行发电，再就是将垃圾制成固体燃料直接燃烧进行发电。

城市垃圾的处理，以往大多是运往郊区进行密封填埋。随着现代生物工程高技术的发展，如今采用微生物工程新技术，用厌氧细菌进行发酵处理，通过生物降解作用，就可以制取沼气。每吨生活垃圾可产生400立方米的沼气。再利用沼气进行发电，所发电量并入电网供使用。因而垃圾"沼气田"应运而生，"沼气田"发电前景看好。

利用垃圾"沼气田"发电，可以说是当前技术成熟、投资少、造价低、使用管理方便，备受各发达国家青睐的一种城市垃圾处理途径。荷兰1991年就已颁布城市垃圾沼气发电计划，并投资8000多万美元，建造了几座大型沼气发电厂。荷兰北部威达斯特垃圾沼气田，储有1500万吨生活垃圾，每小时可产沼气5000立方米，可转化为4.5兆瓦的电能。法国在梅斯举行了"欧洲发酵垃圾开发大会"，提出加快利用垃圾生产沼气发电的计划。芬

沼气发电机组

兰首座垃圾沼气田发电厂在万塔建成投产，已填埋 103 万吨垃圾，在今后 10 年内可产 3000 万立方米的沼气用于发电。英国目前垃圾沼气田发电能力达 18 兆瓦。英国能源部拟将在 10 年内再投资 1.5 亿英镑兴建一批垃圾沼气田发电厂。而美国伊利诺斯州的垃圾沼气田发电厂，占地 61 公顷，填埋 180 万吨垃圾，发电能力 1600 千瓦，相当于每年用 2.8 万桶石油的发电量。日本在千叶县建成的 4.2 万平方米的垃圾沼气田发电厂，年发电量达 1.1 万千瓦时。

建立垃圾焚烧厂，将垃圾进行焚烧处理，早已在各工业发达国家使用，而在焚烧过程中，回收其热能，并用于发电，实现垃圾焚烧能源化，还是近年的事。

这是由于城市垃圾填埋处理，占地面积大，有污染。而采用垃圾焚化处理，不仅焚烧后，垃圾剩下的体积和重量减少，占地面积也小。同时焚烧清除了有害物质，并通过烟气净化系统处理后，能防止空气污染。随着现代热能新技术的发展，可将垃圾在焚烧过程中产生的热量经回收系统处理后，推动汽轮发电机发电，并入电网供使用。因此，采用焚烧法处理垃圾进行发电，是目前世界上发达国家的重要发展趋势。

◆◆◆新型能源的开发

垃圾发电厂

此外，不少国家还积极开展将垃圾制成固体燃料，或用工业垃圾直接燃烧，进行发电。印度在马德拉斯市兴建一座垃圾浓缩燃料电厂，其日处理垃圾燃料60吨，发电能力5兆瓦。英国在苏格兰建成每年可焚烧800万只废旧轮胎的垃圾热电厂，向2.5万户家庭供电。日本在福岛县的岩木建一座以废塑料作燃料的热电厂，日处理废塑料200吨，发电能力25兆千瓦，向1万个家庭供电。

我国垃圾"资源"也十分丰富，2014年，全国产生垃圾近10亿吨，其中城市生活垃圾产生量1.6亿吨。最大的上海市年"生产"生活垃圾742万吨，北京市每天"生产"生活垃圾733万吨。我国利用城市垃圾发电已列入各大城市的议事日程，不少大中城市已开展垃圾发电。

随着我国日益增多的城市固体废物数量，以及对能源的巨大需求，垃圾焚烧发电正成为主流的解决办法。深圳将建全球最大垃圾处理发电厂，每天可处理5000吨垃圾。杭州市引进国外设备，将建成"垃圾沼气田"发电厂；而珠海将使用我国自行设计的垃圾焚烧炉，日处理垃圾1200吨。

海藻发电

在巴西，有一种高达30多米、直径约1米的乔木，只要在这种树身上打个洞，1小时就能流出7千克的石油来。

菲律宾有一种能产石油的胡桃，每年可收获2季。有一个种石油树的能手，种了6棵这样的胡桃树，一年就收获石油300升。

人们不仅在陆地上"种"石油，而且还扩大到海洋上去"种"石油，因为大海里的收获量更大。

美国能源部和太阳能研究所利用生长在美国西海岸的巨型海藻，已成功地提炼出优质的"柴油"。据统计，每平方米海面平均每天可采收50克海藻，海藻中类脂物含量达6%，每年可提炼出燃料油150升以上。

加拿大科学家对海上"种"石油也产生了兴趣，并进行了成功的试验。他们在一些生长很快的海藻上放入特殊的细菌，经过化学方法处理后，便生长出了"石油"。这和细菌在漫长的岁月中分解生物体中的有机物质而形成石油的过程基本相似。但科学家只用几个星期的时间就代替了几百万年漫长时光。

英国科学家更为独特，他们不是种海藻提炼石油，而是利用海藻直接发电，而且已研制成一套功率为25千瓦的海藻发电系统。研究海藻发电的科学家们将干燥后的海藻碾磨成直径约50微米的细小颗粒，再将小颗粒加压到300千帕，变成类似普通燃料的雾状剂，最后送到特别的发电机组中，就可发出电来。

目前，一些国家的科学家正在海洋上建造"海藻园"新能源基地，利用生物工程技术进行人工种植栽培，形成大面积的海藻养殖，以满足海藻发电的需要。

利用海藻代替石油发电，具有这样的两大优点：一是海藻在燃烧过程中产生的二氧化碳，可通过光合作用再循环用于海藻的生长，因而不会向空中释放产生温室效应的气体，有利于保护环境；二是海藻发电的成本比核能发电便宜得多，基本上与用煤炭、石油发电的成本相当。据计算，如果用一块56平方千米的"海藻园"种植海藻，其产生的电力即可满足英国全国的供电需要。这是因为海藻储备的有机物约等于陆地植物的4~5倍。由此可以看出，利用海藻发电大有可为，具有诱人的发展前景。

当前，各国科学家都在积极地进行海藻培植，并将海藻精炼成类似汽油、柴油等液体燃料用于发电,从而开辟了向植物要能源的新途径。

煤层气

在煤的形成过程中伴随着三种副产品生成——甲烷、二氧化碳和水。由于甲烷是可燃性气体,又深藏在煤层之中,所以人们称它为"煤层气"。

甲烷一旦产生,便吸附在煤的表面上。甲烷的产生量与煤层深浅有关。一般来讲,煤层越深,煤层气越多。

理想的煤层气条件是:煤层深度300~900米,覆盖层厚度超过300米,煤层厚度大于1.5米,吨煤含气量大于8.51立方米,裂缝密度大于1.5米/条为好。

开采甲烷的关键问题有两个:一是使甲烷从煤的表面解吸下来,一般是靠降低煤层压力来解决,主要办法是通过深水移走来降低压力;二是让从煤层表面解吸下来的甲烷顺利穿过裂缝进入井孔。

煤层气如果得不到充分利用,会带来两大害处:一是在煤层开采过程中以瓦斯爆炸的形式威胁矿工的生命安全;二是每年全球有上千亿立方米的瓦斯进入大气中,对环境造成巨大污染。所以,在很早以前人们就想把煤层气作为资源加以利用,让它化害为利,这便是人们开发利用煤层气的最初动因。

进入20世纪70年代后,受能源危机的影响,人们在寻找新能源方面的积极性空前高涨。在有天然气资源的地方,天然气备受青睐;在没有天然气的地区,煤层气便成为人们寻找中的理想新能源。此外,随着开采和应用技术的进步以及显著的经济效益,又给煤层气的开发利用注入了新的动力。

开发煤层气在经济上的优越性表现在几个方面:勘探费用低、利润高、风险小、生产期长。其勘探费用低于石油的勘探费用,生产气井的成本也较低。一般来讲,煤层气的钻井成功率可达到90%以上,打一口井只需要2~10天。浅层井的生产寿命为16~25年,4米井的生产寿命为23~25年。

现有资料表明:全世界煤层气资源为113.2×10^{12}~198.1×10^{12}立方米。国外对煤层气的小规模开发利用始于20世纪50年代,大规模开发利用则是从80年代开始的。

目前,美国煤层气的开采在世界上居领先地位,每天煤层气产量已超过2800万立方米。中国煤炭储量为1×10^{12}吨,产量居世界首位,煤层气资源为35×10^{12}立方米,相当于450亿吨标准煤,与中国常规天然气资源相当,已成为世界上最具煤层气开发潜力的国家之一。

金属能源

由于人们对能源的需求量越来越大,科学家们正在寻找新的能源,其中有一种金属能源给人类带来了希望。

铝是一种新型的燃料,现在人们已经制成了以铝为燃料的铝—空气电池。这种电池的阳极是用铝做成的,空气为阴极,将纯铝溶解在电解质(一种盐)中,电池便可发出500瓦的电。铝空气电池主要用作汽车的动力,它的体积小,连同马达在内仅相当于汽车内燃机和油箱的大小;它释放的能量很大,按体积计算是汽油的4倍,而且电流很强;在使用的过程中只需加少量的水,偶尔添加铝皮就够了,用过的铝还可以回收反复使用。铝—空气电池除了用在汽车上外,还广泛用于紧急照明灯、收音机、野营炊具、便携式钻机和焊合机械等。

锂电池

钛不仅具有良好的机械性能和耐蚀性，还具有记忆、超导和吸氢3种特殊功能。科学家利用镍钛合金的记忆性能制作了镍钛锗热机，将热能转换成机械能，不仅效率高，而且成本低、坚固耐用。科学家利用钛铁合金吸氢的特性制作的贮氢材料，不仅能安全地贮存和运输氢气，还可多次反复吸氢和放氢，利用它在贮氢时吸热和放氢时放热的性能制成的贮热器，用于回收利用冶金厂、化工厂、火力发电厂排出的余热。

金属锂是高能电池最理想的负极材料。目前一次锂电池已用于手表、计算器、心脏起搏器、存贮电路和照相机等，二次锂电池将可用来贮存电能和推进车辆。高能锂电池用作火箭、导弹的加速、爬升和控制操纵以及鱼雷推进的动力电源。另外，锂具有最大的中子浮获面，是氘－氚反应中最理想的氚的增殖材料，以锂为燃料的氘－氚聚变反应堆将在下世纪初开始使用。

幔汁能源

在地球内部地壳、地幔和地核3部分中，地幔这部分最大，里面的宝贝也真多，其中有大量的氢、卤素、碱金属、碳、氧、硫、氮，它们往往是以热流体的形式存在，共处在地幔中，被统称作幔汁。幔汁中蕴藏的能源将成为21世纪人类发掘的目标。

幔汁能源的数量是相当可观的，如华北平原靠近渤海湾8800平方千米的地下3千米深处就蕴藏着很多很多热水，其能量相当于120亿吨以上的标准煤。再如，很多地方的地下富含氢气、甲烷或天然气，如大庆油田的地下深处估

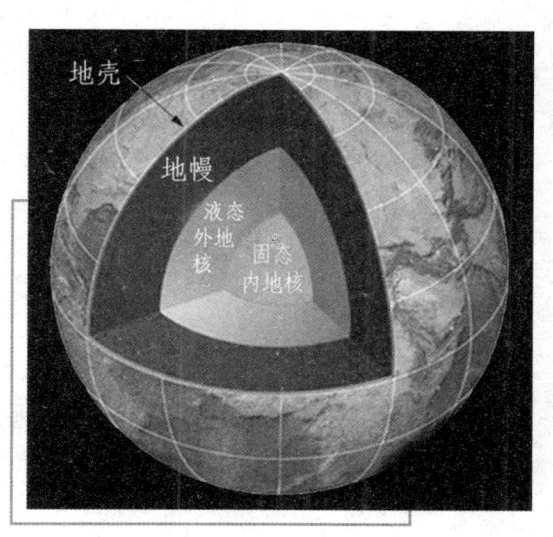

地球内部结构图

计有1000亿立方米天然气，内蒙古鄂尔多斯高原也发现了世界级天然气田。随着科学技术的发展，这些现在看起来太深而不好开采的矿物能源，将来终究会被人们请出来为人类造福的。

植物能源

从橘子皮中提取燃料油

橘子皮即中药中的陈皮。橘子皮除入药以外，还可加工成食品，如九制陈皮，也可以提取燃料油。

将橘子皮捣碎，压榨、过滤分离、蒸馏，所得的液体是一种很好的橘子皮燃料油。这种燃料油极易燃烧，火焰鲜明，其挥发点为46℃～68℃，沸点为85℃～98℃，密度为0.824克/立方厘米，燃烧性质与煤油相似，是一种极有用的工业燃烧用油。

橘 子

束射能源

加拿大有一架以微波作燃料的试验飞机，它的动力来自地面的微波发生器，飞机机翼下面的天线接收到微波能后转变为直流电驱动推进机。这种微波能就是束能，束能作为一种新型的能源正受到人们的重视和开发利用。

什么是束能？束能就是"束射能源"。通过微波技术将波长很短的无线电波聚焦为很窄的束能，发射台以无线电波的形式把能量定向传播出去，接收端通过天线转换为可利用的电能。美国和苏联都研究过如何把太阳能转换为微波的形式传送到地球上，最后再转换为电能而应用。目前，各国科学家的研究目标集中在建立地面微波能站，为各种飞行器提供束能动力。

美国国家航空航天署计划建造翼展为46米的机器人航天飞机,监测高空大气层中有潜在危害性的气团。该署还准备发射一个轨道航天母舰,向火星表面的漫游工具发射动力。他们还设计一种小型束能宇宙飞船,可以把5名乘坐者迅速送入运行轨道。由此可见,束能技术的应用前景是极为广阔的。

日本是如何开发新能源的

由于日本的能源中有81%要靠进口,所以日本除了最大限度地提高现有能源的利用率之外,还非常重视新能源的开发利用,主要有以下几方面:

地热发电

日本是著名的火山国,全国遍布高温岩体。日本科学家向地下4000米深处的高温岩体打井,然后向井内注水使之产生蒸汽,再利用蒸汽发电。目前这方面的技术开发已有较大进展,在山形县打的两处深井已成功地获得了蒸汽。

太阳能

日本目前已生产了400万台太阳能热水器,而且还大有增长的趋势。日本科学家正在抓紧开发太阳能发电技术,将太阳的光能转换为电能,眼下的问题是如何提高转换效率。

煤碳液化

科学家们在采用高温、高压以及加氢等方式使煤碳液化成石油方面进行了各种探索和尝试。日本与澳大利亚政府联合研究褐煤的液化技术,计划开发维多利亚的一个埋藏量为200亿吨的大褐煤矿,平均每天把50吨褐煤变成液体。并准备着手研究沥青煤液化技术。还进行了煤碳气化复合发电技术的开发研究,即是在未燃烧的时候把煤炭变成气体,然后用于发电,目前正在福岛县建设这种发电设备,不久将点火试验。

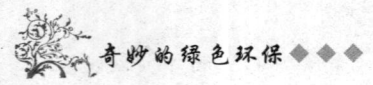

新能装置

主要是开发燃料电池，目前已有磷酸型、熔融碳酸盐型、固体电解质型等几种。其中磷酸型燃料电池将成为今后新能源开发的关键。现已在大阪建造了发电能力为 200 千瓦的磷酸型燃料电池，目前运转良好。

我国能源战略

我国是一个能源资源比较丰富的国家，煤的储量占世界第三位，水利资源居世界第一位，石油、天然气的储量也不少，原子能燃料钍、铀的藏量也很多。煤炭在我国矿物能源（煤、石油、天然气）的总热值中占 96%，因此，"以煤为主"的能源格局在今后相当长的时期内不会改变。

在能源开发方面，首先要优先开发煤炭和水电。除应加强煤炭的科学管理之外，还要加速褐煤资源的开发利用、改进燃煤技术，提高燃烧效率，以及加强煤炭转化技术的研究。水电方面除要开发黄河中上游以及红水河的资源，建设若干大型水电站外，还要将西电东调，把大电网拉到我国东部、华中、沿海一带。我国独特的农村小型水力发电站也应大力发展巩固。其次要积极勘探、开发石油和天然气，我国石油储量丰富，前景十分美好。在缺能地区建设核电站，也是十分必要的。要积极研究开发太阳能、风能、地热等新能源，研究解决有关的技术问题。大力发展沼气和种植薪炭林，是补充农村能源不足的重要途径。

在能源的节约方面，关键是要大幅度降低万元产值的能耗，在这方面还要下大力气。在节约能源的同时，还应节约钢铁、石灰、水泥、砖瓦、皮革、棉纱、机械设备等非能源，这样，也间接地节约了能源，以便从根本上改变我国目前原材料消耗高、废品率高、成品率低的状况。在坚持了能源开发和节约并重的方针之后，我国的能源形势将会越来越好。

维护生态系统的平衡

维护生态平衡的重要性

要保护和合理利用自然资源，就必须了解环境内动物和植物间的营养关系，以及食物链中数量的调节。否则，凭人类的好恶或私欲对某类动物滥加捕杀，就会影响整个食物链，破坏自然的平衡与协调。

在漫长的历史长河中，生物和它们生活的环境相辅相成，构成了一个个大小不等的生态系统。这些系统相互结合，构成了奥妙无穷的自然界。它们在太阳能的驱动下，不停地运转。植物利用太阳能生产有机物，植物被动物当作食品，草食动物被肉食动物当作食品，所有动、植物的遗体被微生物分解，然后又向植物提供养料。物质和能量按照纵横交错的线路有规律地流动着。生态系统和整个自然界就在这样的流动中达到了相对的稳定，也就是生态平衡。

生态平衡是相对的和动态的，生物与生物之间，生物与环境之间是不可能存在绝对平衡的。当生态系统中加入新的物种，或改变其环境条件，就会打破旧有平衡，建立新的平衡，当生态系统的组成或某一成分发生变化，超过其调节能力时，生态平衡便会逆转，生态系统便会受到破坏。

自然界的生态平衡，失调是经常发生的。这种现象的出现，常常危害人们的利益。然而自然界本身有自动调节的机能，通过自身调节，可以使生态平衡得以恢复。但超出了一定的界限，自然恢复是很困难的。所以我们的活动要非常谨慎。要认识生态规律。一方面对人类活动自觉地加以限制，以保护自然界的生态平衡，另一方面，一旦平衡失调，可以发挥人的主观能动性，调节食物链关系，建立新的平衡，以适应人类的需要。

动物在环保中的重要作用

松鼠对环保的贡献

自然界中有许许多多的动植物，它们既为这个世界增添了绚丽多姿的色彩，又使整个地球大家庭处于一种非常和谐的状态，其中相当一部分种类为我们的生存环境提供了良好而无偿的服务。就像我们大家熟知的绿色植物，每天都在勤奋地吐故纳新，为我们提供新鲜氧气，很多动植物也为维护自然界的生态平衡做出了贡献。森林中的啄木鸟被誉为"森林医生"，就是因为它们不断地把侵入树干中的害虫消灭，从而保证了大树小树健康茁壮地成长。

很少有人认为松鼠对于森林的贡献会比得上啄木鸟。在大家的印象中，松鼠吃掉了松树、胡桃等等树种结下的果实，从表面上来看，应该把松鼠

松　鼠

啄木鸟

们"绳之以法",从而确保树木的种子能够正常萌发,使森林不断壮大。但实际上,如果我们仔细地研究一下松鼠吃果实的整个过程,则会改变对松鼠的看法。

秋天来临的时候,森林中果实累累,也是松鼠们最为忙碌的季节,它们不仅尽情地享受大自然的慷慨恩赐,而且还要采集很多的果实埋藏起来,作为储备食物,以免冬天食物缺乏时,弄得饥寒交迫。许多的资料表明,松鼠们并不能消耗掉自己埋下的全部种子,相反,可能有一半以上始终埋在土里。这样的话,到了春天,土里的种子就要发芽,于是,森林中每年都会长出许多小树。科学家们估计,1只松鼠平均要储藏14000颗种子,有了这个数字,我们一定想象得出,松鼠对于森林的贡献有多大。如果说,啄木鸟是森林中的"医生"的话,那么,松鼠就是森林的"养父养母"。

除了松鼠之外,森林中的老鼠也有相似的行为,而一些吃果实的鸟,则会通过排粪把种子撒到各处,间接起到了播种的作用。令人奇怪的是,有些植物的种子,必须到鸟类的肠胃中去转上一圈,才能发芽生长哩!

现在我们应该清楚了,松鼠对于自然界森林的形成和壮大有着十分重要的作用，而森林的存在对于其他动物，对于我们人类，甚至对于整个地球，又是极其关键的。所以，我们把松鼠称为自然界中的环保专家。

青蛙对环保的贡献

青蛙是捕虫能手，是农业生产的好帮手。专家们对青蛙的食性进行分析后得知，青蛙几乎只吃动物性食物。青蛙的食物中，害虫占了80%，其中包括严重危害作物的蝼蛄、天牛、蚱蜢、金龟子、蛞蝓、步行虫、水稻螟、稻纵卷叶螟等。将青蛙用于稻田除虫，有很好的效果。江西省宜丰县的农业专家们曾做了一次"养蛙治虫"的对照实验。他们在一组早稻实验田内每亩放养400～800只青蛙，不施农药；在另一组早稻试验田内喷洒2次农药。将2组稻田进行对照发现，放养青蛙的稻田早稻枯心率低，且早稻产量高出9.2%。由此可见，"青蛙治虫"是增产节约、防止农药污染的可行办法。

青　蛙

鸟　类

鸟类是大自然的重要组成部分，是一项十分宝贵的生物资源。它们不仅将大自然点缀得分外美丽，使自然界更有生机，并给人以美的享受，而且还能产生生态效益和经济效益。特别是食虫、食鼠的鸟类，它们在农林业生产上的作用更为突出。如啄木鸟是著名的"森林医生"，白脸山雀、灰喜鹊、画眉等，一年四季守卫着森林、田野、庭院。主要在夜间活动、俗称猫头鹰的鸮类，以鼠类为食，是灭鼠能手，一个夏天可以捕食1000只田鼠。鸢、大鵟等以动物腐肉、秽物为食，在保持环境卫生上起着良好的作用，被称为"自然界的清道夫"。

鸢

植物在环保中的重要作用

草坪是空气净化器

草坪又被人们称为草皮。它对于人类生存环境有着美化、维护和改善的良好作用，同时，绿茵茵的草坪，也具有较高的观赏价值和实用价值。

我国对利用草坪的研究有着悠久的历史。早在春秋时，《诗经》中就有对草地描述的佳句。公元前187～公元前157年张骞通西域，就带回一定数量的草坪草。那时的草坪只是宫廷园林中的小块草地。而到公元500年左右，人们开始注意各种庭园中的绿色草地——草坪。13世纪，草坪进入室外的运动场、娱乐、游玩和栖息地。18世纪，英国、德国、法国等国家先后都建立和普及了草坪。

草坪草都源于天然牧场，它已广泛地应用于各种场所，渗入人类的生活，成为现代文明社会不可分割的组成部分，草坪草的研究已成为一门新兴的学科。

人们通过研究证明，草坪能净化空气，消除病菌。如1公顷草坪地，每昼夜能释放氧气600公斤。它还具有很强的杀菌能力，一些有毒空气被草坪吸收后，可以陆续地转化为正常的代谢物。

草坪

草坪草密集交错，叶片上有很多绒毛和黏性分泌物，就像吸尘器一样，吸附着飘流粉尘和其他金属微粒物。绿色的草坪是一个既经济又理想的"净化器"。它可以把流经草坪的污染水净化得清澈见底。草坪就像绿色的地毯，其根部在土壤中纵横交错地编织着一幅网状图案与土壤紧密地结合，既能疏松土壤，又能防止土壤流失。

绿色的草坪以其具备的吸热和蒸腾水分的作用，可以产生降温增温的效果，可以调节小气候。草坪是消除和减弱城市噪声污染的最好武器，又是十分廉价的除音设备，草坪以外型低矮、平整、色泽如一、线条起伏、图案新奇给人以美的享受，更不是能用几句话就说尽的。

绿色的草坪在喧嚣的城街，以绿色毯状映衬着五彩缤纷的鲜花，不仅净化着环境，而且给人以美的享受，我们多希望这绿色的地毯加快延伸。

沙生植物不怕旱

最著名的一类沙生植物是仙人掌科植物，它们的叶子退化，可以减少水分蒸发，茎呈肉质可以饱含水分，茎含叶绿素可进行光合作用。

在墨西哥沙漠中，有一类巨型仙人掌，形如大树，如果切开它，里面尽是水，好像贮水桶一样，这是它抗旱存水的巧妙方法。

有的沙生植物靠深根吸地下水来抗旱，根深的程度往往惊人，如骆驼刺的根，可深入地下15米水源处吸水。骆驼刺生于我国西北沙漠里。

仙人球

非洲撒哈拉大沙漠中,有一种叫"沙漠夹竹桃"的植物,它的叶片下面的气孔陷在一个深洞里,洞口有茸毛,防止水分蒸腾过快。它本身有一种笼罩树身的挥发油散出的蒸气,防止过度蒸腾。

森林是绿色宝库

地球上郁郁葱葱的森林,是自然界巨大的绿色宝库。森林是我们人类的老家,人类的远祖——猿最初就是从这儿发展起来的。今天,森林仍然为我们无私地服务着。

从生态与环境角度来看,森林是地球之肺,是生态平衡的支柱。通过光合作用,森林维持了空气中二氧化碳和氧气的平衡。除此之外,森林还有许多其他功能。

森林能涵养水源、防止水土流失。据测算,林地和非林地相比,每亩(1亩=666.7平方米)能多蓄20立方米的水,10万亩森林蓄积的水,与一个库容量为200万立方米的中小型水库可蓄积的水相当。森林还是水分的"调度员"。在雨季,森林能使洪水径流分散,滞缓洪峰的出现;在枯水季节,森林则维持河水的正常流量。

森 林

　　森林能调节气候、防风固沙，大面积的森林可以改变太阳辐射和空气流通状况。森林里，巨大树冠和树身阻挡了大风，降低了风速。1公顷森林一年能蒸发8000吨水，使林区空气湿润，起到调节气候的作用。

　　森林又是消除污染、净化环境的能手。森林好像是天然的吸尘器，15亩的森林一年能吸收36吨烟尘。森林里许多树木是消除空气污染的能手，樟树、丁香、枫树、橡树、木槿、榆树、马尾松等都有很强的吸收二氧化硫、氯气等有毒有害气体的能力。松树等树木还能分泌杀菌素，杀死白喉、痢疾、结核病的病原微生物，起到净化环境的作用。

　　森林还是庞大的基因库，在生物圈中占据着重要的位置。在森林里，植物、动物、微生物种类繁多，物种极为丰富。据估计，地球上约有1000万～3000万个物种，而生存在热带、亚热带森林中的物种就有400万～800万个。

　　假如没有森林，地球上将会有450万个物种灭绝，洪水将泛滥，沙漠将不断扩大，人类的生存环境将会大大恶化。当前，制止滥伐森林、维护生态平衡是我们的首要任务。只有保护好森林，我们的地球家园才会变得越来越美好。

维护生态系统的平衡

森林是大自然的卫士,是生态平衡的支柱。它能维持空气中的二氧化碳和氧气平衡,还能清除空气中的有毒有害气体,因此被人们称为"地球之肺"。

大气中的氧气,对生物有着极其重要的作用。人可以许多天不吃不喝,却一刻也不能停止呼吸。在地球上,绝大多数的氧气是由森林中的绿色植物产生的。绿色植物在进行光合作用时,能吸入二氧化碳,呼出氧气。当然,绿色植物也要进行呼吸作用,不过在阳光的照射下,它的光合作用大约比呼吸作用大 20 倍。因此人们称绿色植物是氧气的"天然制造厂"。树木通过光合作用吸收大量的二氧化碳,同时释放出大量的氧气,这对全球生物的生存与气候的稳定,有着很大的影响。有人测算过,一株胸径 33 厘米的栗树有 11 万片叶子,其表面积为 340 平方米,一座森林有成千上万棵树,树叶的面积就非常巨大了。地球上的绿色植物每年要吸收 4000 亿吨的二氧化碳,释放 2000 亿吨的氧气。可以毫不夸张地说,没有了森林,人类和各种动物都无法生存下去。

森林对大气有很强的净化作用。森林中的植物能清除二氧化硫、氟化氢、氯气等有害气体。二氧化硫是分布广、危害大的有毒气体,当大气中二氧化硫浓度达到 10ppm 时,就会引起心悸、呼吸困难等症状。森林能吸收二氧化硫,并将它转化为树木体内氨基酸的组成成分。氟化氢也是对人体有害的气体,人如果吃了含氟量高的果品、粮食和蔬菜,就会中毒生病。许多种树木都能吸收大气中的氟化氢,每公顷银桦树能吸收 11.8 千克的氟,每公顷桑树能吸收 4.3 千克的氟,每公顷垂柳则吸收 3.9 千克的氟。

森林还被人们比作"天然的吸尘器"。假如把 1 亩森林的叶片全部展开,可铺满 75 亩的地面。由于叶片上绒毛多,叶片还能分泌黏液和油脂,因此森林能拦截、过滤、吸附空气中的各种污染物。科学家作过计算,每年每 15 亩松林可消除 36 吨烟尘,每平方米榆树叶可滞留 3.39 吨粉尘。当带有粉尘的气流经过森林地带时,由于茂密的枝叶减低了风速,空气中的大部分粉尘都会落下来。一场大雨后,粉尘被淋洗到地面,空气又变得洁净异常。树叶被雨水洗干净后,又恢复了滞尘能力,又可净化空气了。

森林真是"地球之肺",没有它,一切生物都将难以呼吸,难以生存。

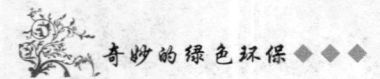

森林不仅能净化空气，也能净化废水。将大量废水引入森林，喷洒在树木身上，非但不会抑制树木生长，而且能促使树木成材。这是因为废水中往往含有大量的磷、钾、钙、镁等矿物质，它们是树木生长不可缺少的养料。森林中有些树木因土壤贫瘠，"营养不良"而生长缓慢，一经废水浇灌，它们便恢复长势。废水中的细菌和病毒在江河中会毒化水质，毒害鱼虾，传播疾病。然而当它们随着废水进入森林后，却犹如处于四面楚歌的境地：它们被吸附于地表，土壤中有它们的天敌；许多树木能分泌大量的植物杀菌素，一旦有细菌和病毒闯入它们的领地，便会被就地歼灭；爬上枯草、树木的病原体，也逃脱不了紫外线和杀菌素的攻击。经几番"围剿"，废水中的细菌、病毒就被消灭得差不多了，这些水再从森林中流向江河湖泊或渗透到地下，就不会污染环境了。

利用废水灌溉森林，既净化了废水，废水中的养料又能被树木吸收，促进了树木的生长。用废水灌溉后，有的树木的生长速度甚至比常态下的快2~4倍。繁茂的森林在净化大气、滞留尘埃、消减噪声等方面起着更大的作用。

热带雨林是天然基因库

据专家考察证实，仅在南美洲热带雨林发现的植物就达1万种。如果继

热带雨林

续破坏森林，这些植物中的大部分，等不到人们发现和利用，便会消失掉。而植物，不仅是我们的全部食物和半数药物的来源，而且还是净化空气、制造氧气的天然"氧吧"。当前，世界粮食生产主要依赖小麦、水稻和玉米，这些谷物很容易遭受新的病虫害的侵袭。为了战胜病虫害，就得经常利用现代谷物的野生亲缘，培育新的抗病害品种。随着热带雨林的大片消失，这种天然基因库也随之消失，并将在意想不到的范围内，导致世界谷物的匮乏。20世纪70年代，矮化病破坏了亚洲大部分水稻，为了培育能抗矮化病的水稻新品种，农业专家们在印度中部的热带雨林中寻找具有强抗性基因的野生稻种，结果仅找到了1种。如果当时一无所获，亚洲的水稻恐怕就不再有"身强体壮"的后代了！

温带雨林是被遗忘的绿色宝库

稍懂些地理知识的人都知道热带雨林，但热带雨林的孪生姐妹——温带雨林却鲜为人知。这也难怪，因为广泛分布在南美洲、东南亚、非洲的热带雨林，蕴藏着极为丰富的动植物种类，它们对维持全球的生态平衡起着举足轻重的作用。然而，热带雨林正面临着人类疯狂的吞噬，使仅存不到一半的热带雨林正以平均每年129.5平方千米的速度在消失。幸好不是所有的雨林都位于热带，还有许多宝贵的温带雨林，例如美国华盛顿奥林匹

温带雨林

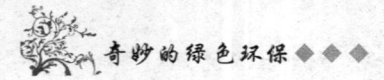

克半岛、阿拉斯加的东南部、加拿大温哥华岛的西海岸、澳大利亚的塔斯马尼亚以及南半球的智利，都分布着迷人的温带雨林。

温带雨林虽然也有热带雨林那高大的乔木、茂盛的灌木和品种繁多的附生植物，但由于温带雨林经历了冰川时期的生物物种的大动荡期，同热带雨林相比物种少得多，不过其生物总量比热带雨林多得多，树木既高大又结实。

雨林在人们心目中，通常意味着有充沛的降水量。热带雨林的年降水量均在2540毫米以上，达到这个降水量的温带雨林极少，但温带雨林也有得天独厚的优越地理条件：冬暖夏凉，冬季气温极少低于0℃，这无疑为动物的生存和繁衍提供了先决条件。

北美洲的温带雨林盛产珍稀的锡特卡云杉，奥林匹克雨林中则不乏罕见的铁杉、大叶槭树，还有道格拉斯的冷杉和西部的红松林，它们都是世界上珍贵的树种。在神秘的温带雨林中，有的树木高达91米，树径足有6米。在这些温带雨林里，许多珍禽异兽如罗斯福大角鹿、黑熊、水獭、北美林跳鼠、美洲豹等，在这块神秘的园地和平相处、繁衍家族，它们以极其丰富多彩的生活方式描绘了一幅奇妙的自然生态环境图。

红树林

广西合浦县莫罗港，有一道1907年修建的堤围，它屹立在南海之滨，抵御着狂风巨浪的袭击。近百年来，堤围一直安然无恙，保护着堤围内3000多亩农田。人们在称赞堤围时，总要同时称赞堤外的1200亩红树林，是红树林作了堤围的最好屏障。

红树林是地球上唯一的热带海岸淹水常绿热带雨林，是一种独特的森林生态系统。树种中大部分属红树科植物，故通称红树林。红树林的种子外表似四季豆，垂挂在藤架上，在母树上发芽，长成幼苗。成熟后就自行脱落，掉到海水中，像轮船抛锚一样插入泥沙中，几小时内自然长成一株小树。有时幼苗遇上潮汐时，被海水漂走，待到海水退潮时，便在适宜的泥沙中扎根生长。冬去春来，年复一年，红树依靠这种奇特的方式，代代相传，逐渐形成了蔚为壮观的红树林。

红树林

海滩长期风浪大、盐分高、缺氧,而红树科植物对此十分适应,它们大都有发达的支柱根和众多的气根,纵横交错的根系与茂密的树冠一起,筑起了一道绿色的海上长城,抵御着热带海洋的狂风恶浪,保护了沿海堤围和大片的农田农舍,同时还改善了海岸和海滩的自然环境。

从我国广西北部湾至福建沿海,都分布着不同类型的红树林。红树林的根系不断淤积泥土,使海滩逐渐变为陆地。林内是鸟类、水生生物和微生物理想的栖息繁殖场所,它们一起组成了一个良好的生态系统。

红树本身还具有较高的经济价值。它木质细密,是家具、乐器和建筑的好材料;它的树皮富含单宁,可提取鞣酸制革或作染料;它的叶子可作绿肥、饲料;它的果实可以食用,不少种类还有药用价值。

我国有红树林约90万亩,占世界的7.6%。过去,由于盲目围海造田、修建海堤和盐田,加上环境污染,大片红树林被毁,导致海滩大量肥沃的土层被海浪和潮流冲刷带走,使生机勃勃的海滩逐渐变为贫瘠的沙滩。近海渔场也因失去提供饵料的基地而产量下降。最后导致整个海岸带的生态平衡遭到破坏。

保护红树林,也是在保护我们自己的家园。为此,国际上专门召开了红树林学术讨论会。我国红树林研究专家在1980年首次出席了第二届国际红树林学术会议。

银桦是净化空气的能手

美丽的银桦,是山龙眼科的常绿大乔木。它树姿优美,银灰色的叶,随风翻卷,银光熠熠,悦目可爱。银桦原产澳大利亚,我国在20世纪20年代开始引种,现在,银桦已成为南方不少城市的行道树和工厂区主要的绿化树种。

银桦树对城市里的烟尘和厂区的有害气体,有比较强的吸收和抵抗能力。生长在烟囱附近的银桦,虽受煤烟污染,树叶却未见病状。种在街道和公路两旁的银桦,其枝叶绒毛上吸附了粉尘、泥土,经雨水冲刷后,它们依然枝青叶绿。据测定,银桦对氟化氢和氯化氢抵抗

银 桦

性较强,有较高的吸收能力,每公顷银桦林能吸收氟化氢11.8千克,每一克银桦树叶能吸收氯化氢13.7毫克。银桦对二氧化硫抵抗性也较强,在二氧化硫浓度较高的硫酸车间盆栽3个月,仍能保持一定的树冠,新发枝叶多。在中型硫酸厂,排放二氧化硫污染源的下风处200米~500米范围内,一般树种很难存活,而银桦照样正常生长。银桦的"绝招"还不止这些,它甚至能抵抗有毒的氯气。试验表明,在化工厂氯气的排污口下风位10米~20米范围内,盆栽20天后的银桦苗木,仍保持绿色树冠,受害叶脱落较少。

可见,说银桦是"净化空气的能手",一点也不夸张。银桦确实是城镇和工业区良好的绿化树种。

甘蔗是"环境卫士"

甘蔗是禾本科植物。它除了吸收土壤中的一些矿物质外，主要吸收大气中的二氧化碳。甘蔗每天吸收的二氧化碳比水稻多一倍以上，而且能吸收高浓度的二氧化碳。空气中的二氧化碳在正常情况下浓度只有300ppm左右，但甘蔗对二氧化碳吸收力强，利用率高，即使周围的二氧化碳浓度少于5～10ppm，它也能吸收。而水稻在周围二氧化碳浓度少于50ppm时，就无法摄取了。盛夏季节，甘蔗甚至能"吃"下浓度高达几千ppm的二氧化碳。因为吸入量大，甘蔗除了吸收掉自己呼出的二氧化碳外，还能大量地吸收周围的二氧化碳来满足自身的需要，并且在产生所需的"食物"时，释放出氧气。

甘　蔗

没有植物，地球就会充满令人窒息的二氧化碳，大气的含氧量也不会由原先的0.05%增长到现在的21%，地球也不可能变成一个生机勃勃的行星了。这其中就有能"大吃特吃"二氧化碳的甘蔗的功劳。

甘蔗对于一些有害于人体的气体，如氟化氢、氯气和氯化氢，也有较强的抵抗性。它还可以以造纸厂的废水为肥料，从而减少这些废水造成的环境污染，保护环境。

由此可见，甘蔗不仅是一种人们爱吃的水果，还是与环境污染作斗争的卫士。

绿化带能降低噪声

降低噪声的方法很多。一种便利的方法是种植树木，建立绿化带。并且，绿化带具有多种保护环境的功能，可说是一举多得。

公路绿化带

据测定，在树木密集，同时地下草木丛生的情况下，4000赫兹的声波，每经过30米，强度就大约减少5分贝。住宅前如有7～10米宽、2米高的树篱，约可降低噪声3～4分贝。

为什么绿化带能降低噪声呢？原因是声波在通过树木时，枝叶会发生微振，产生散射，或被枝叶吸收，因而强度减弱。

绿化带降低噪声虽然有一定效果，但不能期望过高。如要真正取得良好的效果，就应种植阔叶树，并使整个绿化带既要密又要宽。

此外，绿化带是综合防治污染、保护生态环境的重要措施，大致有10种有益的功能：

1. 吸收二氧化碳，放出氧气。每公顷阔叶林每天能吸收1吨二氧化碳，放出730千克氧气。

2. 吸收有毒有害气体，净化大气。柑橘类果树吸收二氧化硫的能力可达干叶重的0.8%，杨树的吸收量更高达干叶重的6.12%。

3. 驱菌和杀菌。许多树木如橙、柠檬、法国梧桐等，能分泌出杀菌力很强的挥发性灭菌素。

4. 阻滞粉尘。叶面粗糙不平、绒毛多的植物，以及可分泌油脂和黏性物质的植物，能吸附和滞留部分尘粒。如每公顷松树一年可滞尘34吨。

5. 减弱和阻隔噪声。

6. 净化污水。水流经过林带，内含的细菌、溶解物质会大量减少。

7. 抗御、吸收放射性物质。某些地区树林背风面叶片上的放射性物质只有迎风面叶片上的1/4。

8. 调节气候。林带和绿地可调节温度、湿度，促进空气对流。有行道树的马路比无行道树的马路，最高气温可低3℃左右。

9. 防风固沙、保持水土，保护农田。

10. 保护鸟类和动物，为它们提供栖息、活动的场所，提供食物。

湿地在环保中的重要作用

1993年夏天，美国密西西比河流域暴发洪水，共有267公顷土地被淹

湿　地

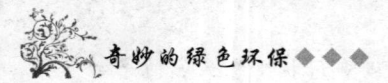

没，38人丧命，10多万间房屋被冲毁，5000多家企业停产，机场被淹，轮船停航，估计损失高达120亿~160亿美元。经受如此大的水灾后，人们发现，过去在河流沿岸投以巨资筑堤修坝来防洪，效果并不好，而把重点放在恢复和扩大沿河的漫滩即湿地上，才是较为保险和省钱的办法。这些湿地是沿河自然形成的低地、沼泽和荒地，河水多的时候，它们能蓄水、分流，是天然的分洪地段。

那么为什么湿地的作用这么大，以至于防洪也要靠它呢？湿地是河流、湖泊、水库、海洋等水体与陆地之间的过渡地带，它最明显的标志是有水，由于被水淹没，湿地形成了它独特的土壤，还生长有水生生物。据统计，全世界约有湿地8.56亿公顷，其中加拿大湿地最多，约有1.27亿公顷，其次是俄罗斯，约有8300万公顷，我国居第三位，约有6300万公顷。

湿地在水的循环中起着重要作用。在河边的森林、湖边的漫滩里，进行着地下水与地表水的大量交换，在发生洪水的时候，湿地吸收洪水、储蓄洪水，在干旱的时候，它们就把水释放出来。湿地的土壤和在湿地上生长的植物既能吸收营养物，又能把水中的污染物滞留下来，所以湿地被人们称为"天然净水器"。许多湿地还出产丰富的物产，如鱼、木材，可以作为饲料的植物和其他各种农产品。许多湿地上还生活着众多野生动物，因而成为观光旅游胜地，吸引了众多热爱大自然的游客。

我国非常重视湿地的保护，已建立了许多著名的湿地保护区。比如：位于黑龙江齐齐哈尔的扎龙自然保护区，是国家一级保护鸟类丹顶鹤的野生种群繁衍生息的地方，齐齐哈尔因此被誉为"鹤城"；位于山东黄河入海口的黄河三角洲草地保护区，两面临海，一面靠河，独特的黄河水文特点和海淡水交汇的地理环境，形成了其独特的河口沼泽草甸生态系统；位于江苏省大丰县沿海滩涂的大丰麋鹿保护区，是世界上第一个麋鹿（俗称"四不象"）的保护区；位于江苏的盐城自然保护区，主要保护丹顶鹤等珍稀鸟类及其赖以生存的海涂湿地生态环境；位于贵州的草海自然保护区，主要保护亚热带高原的淡水湖泊湿地生态和黑颈鹤等珍稀动植物。

国际上为了制止对湿地的侵占和损害，确认湿地的基本生态作用及其经济、文化、科学和娱乐价值，订立了《关于特别是水禽生境的国际重要

扎龙自然保护区

湿地公约》，于1975年12月21日起生效，后来又于1982年制定了《关于修正特别是水禽生境的国际重要湿地公约的议定书》，该公约于1992年7月31日起对我国生效。

土壤在环保中的重要作用

人类在进行农业生产和社会活动时，会产生各种污染物。这些污染物进入土壤并积累到一定程度，就会引起土壤污染。

每一个生态系统对入侵的污染物都有一定的自净能力。土壤生态系统也不例外。

表面看起来，土壤似乎非常平静、安详。其实，在土壤里，经常发生着物理、化学和生物变化，时刻不停地进行着分解和合成、吸附和释放等物理化学过程。土壤因此处于不断的活动和变化之中。

土壤中存在着大量微生物，它们个体虽小，却能力非凡。它们分布广、种类多、繁殖快、新陈代谢旺盛，具有很强的净化环境污染的能力。据统计，每亩干燥的土壤中含有70～130千克以上的微生物。在污染物出现时，还能大量产生专门"对付"这种污染物的微生物。土壤微生物中，细菌和

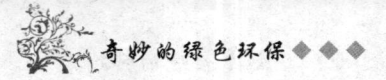

真菌分解有机物的能力很大。科学家通过试验测算出，1000平方米范围内的微生物，可以吸收30吨有机物质，其中的1/3转化为土壤自身的有机体，余下的2/3被分解为无机物质，继而被植物的根吸收。土壤微生物不但能吸收和氧化分解复杂的有机物，还能吸收利用无机物。因此，它们是净化土壤污染物的主力军。

当重金属污染土壤时，土壤中的腐殖质和土壤的团粒物质会吸附它们，降低它们的毒性。之后，土壤中的植物根系会吸收重金属，使之变成自身的组成成分，从而慢慢地消除了土壤的重金属污染。同时，土壤中含有一些酸、碱、盐，会与污染物发生化学反应，生成其他物质，从而减少环境中的有毒物质。

当然，土壤的自净能力也有限。当大量有毒有害污染物侵入土壤，超过了土壤的消化吸收能力时，污染物就会保持它们原来的化学性质，而土壤的性质却会发生比较大的变化，甚至使土壤微生物的生命活动受到抑制和破坏。

海洋能减弱温室效应

海洋是一个奇妙的地方，我们对它的认识还很肤浅。科学家发现，海洋能帮助我们解决温室效应的问题，这是怎么回事呢？原来，温室效应主要是因地球上排放的二氧化碳剧增引起的。假如减少空气中二氧化碳的含量，就可减弱地球上的温室效应。但怎样使二氧化碳的排放量减少是一个令人困惑的问题。人们发现，如果把二氧化碳排放到生长藻类的海水中，通过海藻的光合作用，来吸收二氧化碳，就能达到减少二氧化碳排放量的目的。

试验证明，海水中的藻类确实能吸收二氧化碳。随着对海洋的开发，人们又意外地发现一些奇妙的现象。在海洋600米深的地方，封存着天然的二氧化碳。海洋深处为什么会存在这般奇异的现象？这是因为在水下600米处，水的压力很大，可以把二氧化碳转化成液体。例如在3000米的深处，液体的二氧化碳竟变得比水还要重，极容易沉入海底。在深海低于10℃的水温下，液体的二氧化碳表面还会出现一层果酱似的薄膜，可以防止二氧化碳扩散到周围的海水里去。

海 洋

根据这个发现，日本电力中央研究所的科学家，已经计划把二氧化碳直接输入深海中，利用深海海水把它们封存起来。他们估计，这种封存的二氧化碳要重新返回大地，至少要1000年的时间。到那时，人们将有足够多的时间，来解决令人头疼的温室效应问题。

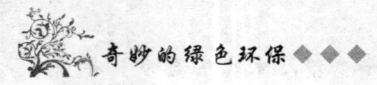
奇妙的绿色环保

绿色生产模式的推广

居室生态化

人们常常把家庭比作避风港,把自己的居室视为个人小天地。每个家庭或个人都按照自己的喜好布置和美化家庭居室。你家里可能装修一新,墙上贴了墙纸,地上铺了地毯,摆上新式家具,享用冰箱、彩电、空调、音响等电器设备。可你想过没有,采取什么办法能够节水、省电,怎样消除室内污染,使我们的家庭居室既美观漂亮,又有益于环境保护和身心健康呢?随着人们生态意识的增强,人们正在实现居室的生态化。

在我国,这几年抽油烟机、排风扇、吸尘器已经走进家庭,有助于消除室内污染。国内外又有不少新的发明。例如,德国施奈德电气公司最近推出一种新型生态电视机,能大大降低有害的电磁辐射,其辐射强度仅为德国国家规定的千分之一。

瑞典最近推出一种能保持空气新鲜的生态画。它的表面涂有一种多微孔涂层,该涂层能吸收、分解油烟和烧焦味等难闻的气味,把这些气味转化成无味无害的气体。这种画还可调节空气湿度,既有装饰、美化居室的作用,又有清新空气的作用。

中国台湾一家公司设计生产出一种滤除烟雾的烟灰缸。烟灰缸装有油压式开关,吸烟时用手轻轻一按,缸盖便徐徐打开,缸内的抽气扇立即启动吸入烟雾,并由活性炭加以滤除,减少吸烟造成的空气污染。这种烟灰缸的电流可以用交流电,也可以用直流电。还可作为床头灯来用。

日本朝日太阳能公司制造了一种浴室净化系统,将浴室的用水经过捕毛器网除去毛发,再经过200微米小孔的软片过滤器,除去水中污垢后,再用陶瓷球袋清除里边的蛋白质、脂肪和其他杂质,最后经紫外线杀菌处理并自动加热重新返回浴缸。经检验表明,这样处理的水质比普通自来水还干净。使用浴室净化系统,能够节约用水,使家庭用水量减少一半。

日本生物技术制品公司和我国青岛特殊涂料公司合作生产的一种壁面涂料,这种涂料能吸收室内氨气,能使含量为18%的氨减少为2%。这种涂料的主要原料是水溶性醋酸乙烯树脂,添加了特制的锰化合物——优锰。优锰产生活性氧来冲击恶臭分子,除去恶臭。活性氧又能促使优锰再生,使除臭功能保持长久,一般至少可达3~4年。

可以说,居室生态化才开了个头,随着人们生态意识的增强,一定能使室内各种用品,装饰品变得既适用、美观、优雅,又能节水省电,消除污染,创造出有益于健康的生态化的居室环境。

生态农场

生态农场是保护环境、发展农业的新模式。它遵循生态平衡规律,在持续利用的原则下开发利用农业自然资源,进行多层次、立体、循环利用的农业生产,使能量和物质流动在生态系统中形成良性循环。

例如在一个农场里,水稻、蔬菜、树木是构成转化太阳能的"生产者",农场里养的猪、羊、牛、鸡、鸭是生态系统中的"消费者",稻草、树叶和蔬菜加工成动物饲料,而动物粪便和肉类加工厂排出的高浓度有机废水,送到嫌氧发酵的沼气池内,通过微生物分解生产沼气,为农场的生产、生活提供能源。沼气生产过程中产生的沼渣,经处理制成

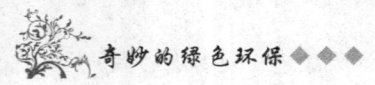

生态农场

颗粒饲料喂猪养鸭，沼液可作液体肥料灌溉农田或养鱼，这就形成了一个完整的生态循环系统。

生态工艺

在现代化的工业生产中，为了高效率地利用资源与能源，有效地保护环境，就需要用生态工艺代替传统工艺。

生态工艺是指无废料的生产工艺，而传统工艺则要向环境排放大量有毒有害物质。无废料是相对而言的，指的是整个工艺过程不向环境排放有毒有害物质，这是对生态系统中能量流动与物质循环的模拟。在这样的生产过程中，从环境输入的物质和能量进入系统后，在第一阶段生产中产生的废物，被用来做第二阶段生产的原料，依此类推，直到最后阶段生产产生的废弃物，才从系统中输出，进入环境。这时的废弃物已不再对生物或人体产生毒害作用，而能被环境净化。这样，生态平衡也就不会受到冲击，既高效地利用了资源和能源，又使工业生产与生物圈的能量流动和物质循环相互协调起来，成为生物圈中的一个组成部分。

生态农业就是一个高效率利用太阳能，同时又能在生产中充分利用废物,促进物质良性循环和转化的农业生态工艺。如农民养鸡,用鸡粪养猪,再用猪粪生产沼气,沼气渣养鱼,就把每一阶段的废物连续利用起来,从而高效地利用了资源,保护了环境。

生态农业

什么是生态农业

生态农业是遵循生态学和经济学原理的新型农业。它运用现代系统工程的方法,充分利用生物之间的相生相克关系,建立起一个在生态上能自我维持,低输入、高产出的农业生态系统。

生态农业运用生态学中生物占据各自生态位的原理,充分利用了空间结构,使作物最大限度地利用了太阳能。生态农田的作物实行间作、套种,增加了温度、阳光、水分和肥料的垂直利用程度。譬如,玉米秆儿高、叶片大,喜欢强光照,且根系发达,需要的水、肥较多;而大豆和花生茎低矮、叶片小,不需要太强的阳光,根系浅且能固氮。将它们间作,高矮相间,不但加大了土壤耕作层和地上空间的利用率,而且提高了农田的通风透光程度,使不同的作物各取所需。

生态农业还促使生物之间进行互利互惠的"共生",这样,系统内每种生物的生长,会促进另一种生物的生长。例如,在"稻田养鱼"的例子中,给稻田施肥后孳生的微生物和浮游生物成了鱼的饵料,而鱼的粪便和食物残渣,又成了水稻的有机肥料,这样,稻和鱼之间便互利互惠,互相促进生长。

生态农业还减少了化肥、农药的使用量,使农业与环境协调发展。因此,生态农业是农业的发展方向。

生态农业是由美国土壤学家威廉·阿尔伯里奇首先提出的。他看到现代"石油农业"尽管使粮食增产了,物质丰富了,但给农田留下了说不完的灾难和危害。要克服使用化肥、农药带来的弊病,同时又要保证农业的收获,他认为,应该把农业放到自然生态循环之中,让农业在能量、物质营养方面都进行良性的自然循环,这就是提出了生态农业。

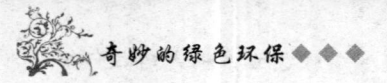

生态农业要全面规划、相互协调,它的出发点和落脚点,都要着眼于系统的整体功能中,而且生态农业考虑的标准有3条:一是经济效益,即生产要发展,农民要富裕;二是社会效益,要满足社会对农副产品的日益增长的需求;三是生态效益,即要保持良好的生态环境。

生态农业不局限于种植业,而是农林牧副渔,多种经营,全面发展。从生产实践出发,一方面立足于耕地,努力提高土地单产;另一方面又把全部土地当做生产场所,发挥多种经营的优势。

生态农业的典型

"玛雅农场"

玛雅农场位于菲律宾首都马尼拉附近。从20世纪70年代开始,经过10年的建设,形成了一个农林牧副渔良性循环的生态系统。

玛雅农场是由一个面粉厂发展起来的。为了充分利用面粉加工过程中产生的大量的麸皮,面粉厂就养了一批猪,又养了鱼。为了增加收入,又开办了深加工,把猪肉加工成肉食品及罐头。加工厂利用产生的废料又建起了沼气生产车间。每天,生产的沼气就能满足整个厂生产使用。后来,又购买了附近一大片丘陵地扩大生产,取名为玛雅农场。到1981年,农场已有36公顷农田和经济林,喂养了2.5万头猪、70头牛和1万只鸭。一个大的农业循环就逐步地形成了:农田生产粮食—加工厂制成面粉,麸皮喂猪、牛、鸭、鱼—进食品加工厂制成食品—废料进沼气池生产沼气供生产、生活用—沼气的沼液—喂鱼—塘泥肥田—田里生产粮食。像这样一个大规模的农场几乎不用从外部购买原料、燃料、肥料,但能保持较好的经济效益,而且没有生产和生活废物产生。

在实行生态农业的生态农场中,人们对农业生态系统的食物链进行增链加环,对生物物质实行多级利用,大幅度提高生物物质的利用效率。例如,在菲律宾的马雅农场,农田生产出谷物,谷糠、麸皮等做成饲料养猪。农作物的秸秆和灌木的茎叶喂牛。猪和牛排出的粪便流入沼气池生产沼气,产生的能量可满足农场灌溉抽水、照明等的需要,沼气池中剩余的沼水和沼渣用作饲料和肥料。

生态农场利用生物的、土壤的分解氧化能力，将有害的污染物变成无害的物质。这样既净化了环境，又增加了产量，使废物变成了农业资源。

稻田养鱼

稻田养鱼，又称"稻底鱼"，是我国南方山区和丘陵地区传统的农田生产方式之一，是我国劳动人民经过长期实践创造出来的一组优良的农田生态系统。

我国传统农业以施有机肥料，如人畜粪便、稻秆、绿肥等为主，而有机肥施入水田后会孳生很多微生物和浮游生物，这正是鱼类的好饵料。在稻田里养鱼，鱼以浮游生物和田中杂草为食料，鱼不仅可以少和水稻争肥，而且鱼的粪便和食物残渣又成了水稻的有机肥料。这样，稻田养鱼鱼养稻，稻米之田变成了"鱼米之田"。

稻田养鱼，鱼类捕食在水中生活或落入水中的害虫，减轻害虫对水稻的危害，减少了化学农药的用量，从而减轻了农田环境的污染。因此稻田养鱼也是生物防治的一项措施，起到了改善农田环境，维持生态平衡的作用。

稻田养鱼

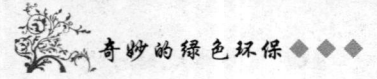

免耕法

免耕法是一些工业国家，首先是美国，随着现代化大农业的发展而兴起的一种土壤耕作制。其主要作法是：

1. "生物耕作"代替机械耕作。通过作物根系的穿插和土壤生物的活动来制造土壤结构和孔隙。并借助微生物的帮助，使土壤形成粒状结构。

2. 地面残茬覆盖。前茬作物收获时，将秸秆切碎撒在地上，以保护土壤水分、养分及物理状况。

3. 实行化学除草。使用高效的广谱性除草剂，消灭田间杂草。

4. 增施氮肥。补充覆盖的秸秆腐烂所消耗的氮肥。

5. 机具配套。前茬收获后，不进行任何耕作。用特制的免耕播种机一次完成灭茬、开沟、播种、施肥、喷药和除草等全部作业。

免耕法也并非永远不再耕翻土壤，要根据实际情况而定。如有犁底层，影响作物根系生长，就要进行深松土，打破犁底层。所以，免耕只是免除不必要的、可以代替的，甚至有害的繁重耕作。

生物农药

生物农药是指利用生物活体或其代谢产物对害虫、病菌、杂草、线虫、鼠类等有害生物进行防治的一类农药制剂，或者是通过仿生合成具有特异作用的农药制剂。关于生物农药的范畴，目前国内外尚无十分准确统一的界定。按照联合国粮农组织的标准，生物农药一般是天然化合物或遗传基因修饰剂，主要包括生物化学农药（信息素、激素、植物调节剂、昆虫生长调节剂）和微生物农药（真菌、细菌、昆虫病毒、原生动物，或经遗传改造的微生物）两个部分，农用抗生素制剂不包括在内。我国生物农药按照其成分和来源可分为微生物活体农药、微生物代谢产物农药、植物源农药、动物源农药四个部分。按照防治对象可分为杀虫剂、杀菌剂、除草剂、杀螨剂、杀鼠剂、植物生长调节剂等。就其利用对象而言，生物农药一般分为直接利用生物活体和利用源于生物的生理活性物质两大类，前者包括细菌、真菌、线虫、病毒及拮抗微生物等，后者包括农用抗生素、植物生长调节剂、性信息素、摄食抑制剂、保幼激素和源于植物的生理活性物质等。但是，在我国农业生产实际应用中，生物农药一般主要泛指可以进行大规模工业化生产的微生物源农药。

生物农药与化学农药相比，其有效成分来源，工业化生产途径，产品的杀虫防病机理和作用方式等诸多方面，有着许多本质的区别。生物农药更适合于扩大在未来有害生物综合治理策略中的应用比重。概括起来生物农药主要具有以下几方面的优点。

1. 选择性强，对人畜安全。目前市场开发并大范围应用成功的生物农药产品，它们只对病虫害有作用，一般对人、畜及各种有益生物（包括动物天敌、昆虫天敌、蜜蜂、传粉昆虫及鱼、虾等水生生物）比较安全，对非靶标生物的影响也比较小。

2. 对生态环境影响小。生物农药控制有害生物的作用，主要是利用某些特殊微生物或微生物的代谢产物所具有的杀虫、防病、促生功能。其有效活性成分完全存在和来源于自然生态系统，它的最大特点是极易被日光、植物或各种土壤微生物分解，是一种源于自然，归于自然正常的物质循环方式。因此，可以认为它们对自然生态环境安全、无污染。

3. 可以诱发害虫流行病。一些生物农药品种（昆虫病原真菌、昆虫病毒、昆虫微孢子虫、昆虫病原线虫等），具有在害虫群体中的水平或经卵垂直传播能力，在野外一定的条件之下，具有定殖、扩散和发展流行的能力。它们不但可以对当年当代的有害生物发挥控制作用，而且对后代或者翌年的有害生物种群起到一定的抑制，具有明显的后效作用。

4. 可利用农副产品生产加工。目前国内生产加工生物农药，一般主要利用天然可再生资源（如农副产品的玉米、豆饼、鱼粉、麦麸或某些植物体等），原材料的来源十分广泛、生产成本比较低廉。因此，生产生物农药一般不会产生与利用不可再生资源（如石油、煤、天然气等）生产化工合成产品争夺原材料。

生物农药3大类型

植物源农药以在自然环境中易降解、无公害的优势，现已成为绿色生物农药首选之一，主要包括植物源杀虫剂、植物源杀菌剂、植物源除草剂及植物光活化霉毒等。到目前，自然界已发现的具有农药活性的植物源杀虫剂有杨林股份生产的博落回杀虫杀菌系列、除虫菊素、烟碱和鱼藤酮等。动物源农药主要包括动物毒素，如蜘蛛毒素、黄蜂毒素、沙蚕毒素等。目前，昆虫病毒杀虫剂在美国、英国、法国、俄罗斯、日本及印度等国已大量施用，国际上已有40多种昆虫病毒杀虫剂注册、生产和应用。微生物源农药是利用微生物或其代谢物作为防治农业有害物质的生物制剂。其中，苏云金菌属于芽杆菌类，是目前世界上用途最广、开发时间最长、产量最大、应用最成功的生物杀虫剂；昆虫病源真菌属于真菌类农药，对防治松毛虫和水稻黑尾叶病有特效；根据真菌农药沙蚕素的化学结构衍生合成的杀虫剂巴丹或杀暝丹等品种，已大量用于实际生产中。

以虫治虫

在农业生产中，我们把危害农作物的昆虫称为害虫，捕食害虫或寄生在害虫体内外的昆虫称为益虫，益虫是害虫的天敌。害虫的天敌有螳螂、晴蜓、食虫椿象、步行虫、虎甲、七星瓢虫、食蚜蝇、草蛉、蚂蚁、寄生蜂等。目前生产上常用的有以下几种：

七星瓢虫

瓢虫以蚜虫为食，一般每只瓢虫可控制200～300只蚜虫。人们利用瓢虫来防治棉蚜的方法主要有2种：一是麦地兜捕，棉田释放；二是人工饲养，集中适时地在田间释放。

七星瓢虫

草蛉也称蚜狮

专门捕食蚜虫、叶蝉、蛾类的幼虫和多种虫卵及红蜘蛛等。草蛉的觅食和繁殖能力都很强，可以人工饲养，及时释放足够数量的草蛉在田间，1～3天即可消灭全部蚜虫。

草　蛉

寄生蜂类

这类天敌可把它们的幼虫寄生在害虫体内，致害虫死亡。目前常用的有赤眼蜂防治甘蔗螟虫和稻纵卷叶螟、金小蜂防治红铃虫等。

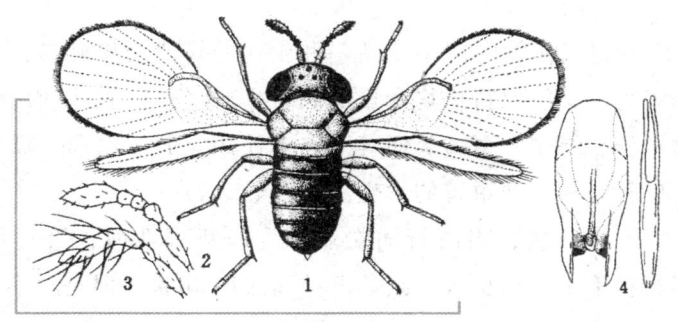

赤眼蜂

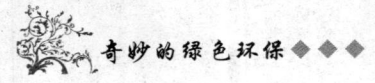

性诱剂来防治害虫

人们观察研究后发现，小小的雌雄昆虫彼此能够找到配偶，是通过某种特殊信息取得联系的。有的用声音、超生波等物理方法；有的释放一种有气味的化学物质来进行联系。如雌虫的腹部有一种腺体，在交配期间释放出一种有气味的物质，引诱雄虫前来赴会。我们把昆虫产生和释放出来的、能引诱同种异性个体赴会，并进行交配的化学物质称为昆虫的性诱剂。

目前人们用化学方法提纯或合成了几种昆虫的性诱剂，在农业害虫防治上，用来诱捕消灭大量的同种异性昆虫，或者向空中施放大量性诱剂，使昆虫迷失方向，破坏雌雄昆虫之间的信息联系，使雌雄昆虫不能交配繁殖，达到防治害虫的目的。

有机农业

自1900年美国人发明了第一台汽油拖拉机后，人类便大力发展以"石油农业"为主的现代农业，农业生产实现了大规模机械化，加上化肥、农药的广泛使用，极大地提高了生产效率。但与此同时，土壤大量流失，化肥和农药污染了江河湖海，大自然的生态平衡被打破了，造成了一系列的恶果。为了摆脱现代农业所面临的困境，人们开始推广有机农业。

有机农业将农作物的"副产品"和生物的排泄物作肥料，进行既能保持土壤肥力，又能保持作物产量的农业生产。有机农业利用的有机肥料有作物秸秆、绿肥、畜禽粪便等。它不使用化肥、农药，靠自然生态系统中的生物来控制病虫害的发生。

科学家研究发现，当由石油农业转为有机农业时，第一年种植玉米，会因肥料不足、病虫害、杂草严重而减产40％。但是，第一年种植燕麦和红三叶草，则能很好地控制杂草，燕麦、大豆产量与石油农业的相当。在实行有机农业的第三年，玉米产量只比石油农业的少10％，随着时间的延长，有机农业的作物产量能恢复到石油农业的水平。科学家还发现,在玉米、大豆作物下种上豆科和小粒谷类作物作为护根作物,可以控制杂草,使土壤少受侵蚀,改善土壤结构。

由于有机农业不会对环境造成污染,因此它越来越受到各国的重视。目前,全世界建成的"有机农场"已超过4.6万个。在这些"有机农场"的带动下,大量无污染的绿色食品应运而生。在欧美的超级市场上,到处可见不含抗菌素和荷尔蒙的牛肉,无污染水域的鱼,有机粮食作原料的糕点、面包和麦片以及有机葡萄酿制的酒,有机牧场牛奶制成的奶酪,等等。

有机农业是人们决心用"自然的技术"培育"更健康"的土壤,以生长出"更洁净食品"的农业。但有机农业也有不足之处,即没有充分利用生态学原理来进行农业生产,其能量效率较低,故还有待提高。

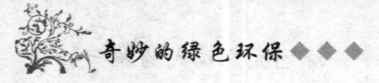

可持续发展战略的实施

什么是"可持续发展"

"可持续发展"是指"既能满足当代人的需求,又不对满足后代人需求的能力构成危害的"发展。这个概念是在1987年由世界环境与发展委员会向联合国提交的一份题为《我们共同的未来》的报告中提出的,它有两大基本点:一是必须满足当代人特别是穷人的需求,否则他们就无法生存;二是今天的发展不能损害后代人满足需求的能力。这一定义包含的思想原则为世界各国所接受和运用。

可持续发展就是可持续经济、可持续生态和可持续社会三方面的协调统一,它要求人类在发展中讲究经济效率、关注生态和谐、追求社会公平,最终达到人的全面发展。这表明,可持续发展虽然起源于环境保护问题,但它已经超越了单纯的环境保护。它将环境问题与发展问题有机地结合起来,成为一个有关社会经济发展的全面性战略。

可持续经济要求我们改变传统的以"高投入、高消耗、高污染"为特征的生产模式和消费模式,实施清洁生产和文明消费。做到了可持续经济,就能保护和改善地球生态环境,保证以可持续的方式使用自然资源,降低环境成本,使人类的发展控制在地球承载能力之内,达到可持续生态。生态可持续发展同样强调环境保护,但不同于以往将环境保护与社会发展对立的做法。可持续发展要求通过转换发展模式,从人类发展的源头、从根本上解决环境问题。发展的本质应包括改善人类生活质量，提高人类健康水平，创造一个保障人类平等、自由、教育、人权和免受暴力的社会环境，而不是要人类放弃高科技和现代化，再回到茹毛饮血的原始社会中去。这也就是我们所追求的可持续发展社会。

总之，在可持续发展中，经济可持续是基础，生态可持续是条件，社会可持续才是目的。

可持续发展思想的发展历程

18世纪中叶，西方国家先后走上了工业化的道路。在这之后的100多年中，人类创造了比人类有史以来的创造还要多的物质财富，人类被一种假象所迷惑：似乎自然环境可以向人类提供无限的自然资源和环境服务，人类可以随意支配和利用自然资源与环境，人类对环境无需承担责任，无需管理，只需索取和改造。在这段时间内，人类开始大规模改变环境的组成和结构，改变环境中的物质、能量和信息的传递系统；也开始大规模无限制地开发自然资源，同时向环境排入一些原来自然界所没有的化学合成物质。这使得人类在享受现代工业化革命所带来的巨大物质财富的同时，也开始遭受到环境的报复。发生在20世纪中期的举世闻名的"八大公害事件"就是最好不过的证明。

人类已开始认识到：人和自然是有机整体，人类任何作用于自然的行动都会引起自然的反响。虽然支配经济活动的是经济规律，但绝不能违反自然规律，不能不考虑经济活动将给自然造成的后果。人和自然的关系已不是谁主宰谁的主仆关系了，如果人类奴役自然，得到的将是加倍的惩罚。

1962年，美国海洋生物学家蕾切尔·卡逊出版的《寂静的春天》一书是人类开始关心环境问题的标志，也是人类开始重新认识人与环境关系的起点，自此后，第一次环境革命便首先在工业发达国家轰轰烈烈地开展起来。

1972年6月，在瑞典斯德哥尔摩召开了第一次"人类环境会议"，在这次大会上通过了著名的《人类环境宣言》。如果将今天的时代称为"环境时

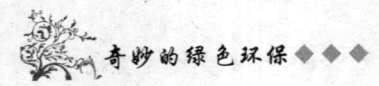

代"的话,那么斯德哥尔摩会议可以说就是环境时代的最重要的里程碑。

同年,《增长的极限》发表。该报告虽然有些不足,但它尖锐地指出了地球潜在的危机及人类所面临的困境,使得人们对发展过程中的人与自然的不协调有了一个清醒的认识,有力地促进了全球的环境运动,也促使人们开始思考和自问:人类的发展能否继续下去?我们过去的发展模式是否是可持续的?我们应该寻找一个什么样的发展模式去解决人类社会所面临的困境。

可持续发展作为科学术语而第一次明确地阐述是在1980年《世界资源保护》大纲中,它改变了过去就保护论保护的做法,而是把资源保护和经济发展很好地结合起来,发展经济以满足人类的需要和改善人们的生活质量,保护性地合理利用生物圈。两者结合的目的是既要使目前这一代人得到最大的持久性利益,又要保持其潜力,以满足后代的需要和愿望。这一定义为可持续发展的概念奠定了基本的轮廓。此后,可持续发展就常见于众多的国际性讨论中了。

1987年,世界环境与发展委员会向联合国提交了一份题为《我们共同的未来》的报告。可持续发展的思想——既满足当代人的需求,又不损坏子孙后代满足其需求能力的发展贯穿了整个报告,它对当前人类发展与保护方面存在的问题进行了全面系统的评价,并对可持续发展概念的形成和发展起到了重要的推动作用。

此后,"可持续发展"的思想就像狂飙一样席卷全球,并成为1992年召开的联合国环境与发展大会的理论基调。这是人类一次具有里程碑意义的大会,183个国家和地区、数十个国际组织和非政府组织的代表参加,盛况空前。会议通过了一系列决议和文件,特别是《21世纪议程》,它第一次把可持续发展由理论和概念推向行动:以可持续发展为指导思想,就政治平等、消除贫困、环境保护、资源管理、生产方式、立法、国际贸易、公众参与(特别是妇女、青年和社区群众参与),以及加强能力建设和国际合作等方面进行了讨论,在许多重要行动领域达成共识,为迎接21世纪做出了必要的准备。

"绿色技术"的兴起

当前，国际上兴起了一股"绿色浪潮"，冠以"绿色"的众多新名词如雨后春笋、层出不穷。其中，在科学技术领域，出现了"绿色技术"这一新名词。

"绿色技术"是一种形象的说法，实质上是指能够促进人类长远生存和发展，有利于人与自然共存共荣的科学技术。它不仅包括硬件，如污染控制设备、生态监测仪器以及清洁生产技术，还包括软件，如具体操作方式和运营方法，以及那些旨在保护环境的工作与活动。

根据绿色技术对环境的不同作用，可将绿色技术分为三个层次：末端治理技术、清洁工艺、绿色产品。

末端治理技术是指通过对废弃物的分离、处置和焚化等手段，减少废弃物污染的技术，如烟气脱硫技术。清洁工艺是指在生产过程中采用先进的工艺与减少污染物的技术，它主要包括原材料替代、工艺技术改造、强化内部管理和现场循环利用等类型。绿色产品是指产品的消费过程不会给环境带来危害，它主要包括以下几个层次的含义：产品的消费过程和消费后的残余物及有害物质最少化（包括合理的产品体积、合理的包装与使用功能等）；可拆卸型设计；产品回收后再循环利用。

绿色技术有四个基本特征。首先，绿色技术不是只指某一单项技术，而是一整套技术。不仅包括生态农业、清洁生产，也包括生态破坏防治技术、污染防治技术以及环境监测技术等，这些技术之间又互有联系。其次，绿色技术具有高度的战略性，它与可持续发展战略密不可分，绿色技术的创新与发展是实现可持续发展的根本途径。再次，随着时间的推移和科技的进步，绿色技术本身也在不断变化和发展。尤其是作为绿色技术根据的环境价值观念会不断发生变化，技术也就会随之变化。最后，绿色技术和高新技术关系密切。高新技术可以在绿色技术中找到许多用武之地，两者互相结合，才能更好地推进人类社会的发展。

人类文明历经沧桑：最早的农业文明破坏了森林、草原等植被，使大

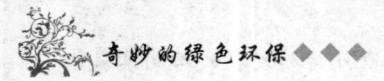

片的黄土地裸露，所以人们把它称为"黄色文明"；后来的工业文明造成了严重的环境污染，使天空变得黑烟弥漫，水体变得乌黑发臭，所以人们把它称为"黑色文明"；而现在，人们正努力建设"绿色文明"，呼唤人与自然的和谐相处、环境与经济的协调发展。只有重视绿色技术，不断地研究推广绿色技术，才能使地球恢复青春。

发展沼气

我们知道，沼气是用作物秸秆和人畜粪便等发酵产生的，就其原料来说，大量的还是植物性物质。而这些物质是由太阳光合作用制取的，因此，我们完全有理由说，沼气能源于太阳能。

由于太阳的照射，地球上每年可以由植物生产出很多生物质，其中农作物的秸秆，数量就很大。在很多发展中国家，由于缺柴，秸秆多被当柴烧掉，仅我国农村，每年烧掉的作物秸秆就有5亿吨以上。由于秸秆不能还田，农田土壤有机质含量下降，土壤变得板结不肥。而燃烧秸秆，只利用了碳素，大量的氮、磷、钾肥分都损失了。把秸秆变成沼气后，不仅利用了碳素，而且沼气渣还是很好的肥料，沼气渣上地，等于秸秆还了田。因此，发展农村沼气，可以有效地改善农村的生态环境，保持农业生产持续稳定地发展。沼气池可以消化很多有机废物，如有机工业废水、废渣等，均是沼气的来源。有了沼气池，不但有利于改善农民的生活，还有利于发展农副产品的加工工业，可谓"一举几得"。所以，世界各国都重视发展沼气。在发展中国家，沼气能源占的地位更重要，我国尤为重视沼气池的发展应用。

绿色发电设备

"绿色发电设备"并不是指把发电设备涂上绿的颜色，而是另有所指。让我们看看以色列宣称的"绿色发电设备"，便明白了。原来，它指的是地热发电和工业余热发电。地热发电当然无可多说，这余热发电就很动了一番脑筋。以色利人将一套发电设备由两台汽轮机组成，一台高温的，一台低温的，高温蒸汽在高温汽轮机中出来后，并不让它溜走，而是让它再去带动低温汽轮机,就好像穷人家孩子多时,老大穿过的衣服再让老二穿,甚至让老三老四也穿,直到穿得不能穿为止。这样做可以节约能源。至于"绿色发电设备"之名,主要指它无污染。就是说,地热发电无污染,利用工业余热发电则减少了污染,所以冠以"绿色"二字。

"清洁生产"

"清洁生产"这一术语是在1989年由联合国环境规划署首先提出的,它包括清洁的生产过程和清洁的产品两方面的内容,即不仅要实现生产过程的无污染或少污染,而且生产出来的产品在使用和最终报废处理过程中,也不对环境造成危害。

我们人类正面对这样一个尴尬的现实:一方面我们正在耗费巨资来保护环境,控制污染,比如,美国每年用于保护环境的投资达800亿~900亿美元,日本达700亿美元以上;另一方面环境仍在向我们发出警告,老的环境问题未彻底解决,新的环境问题又出现了。人们在反省过去所采取的环境保护策略和环境保护科学技术手段时发现,过去更多地把环境保护的重点放在了污染物的"末端"控制和处理上,即已形成污染后再去控制和处理。结果,在社会生产中,有70%~80%资源最终成为废物进入环境,造成环境污染和生态破坏。如果我们在生产的过程中就对污染物进行控制和预防,使社会需要的最终产品尽量少地成为废物进入环境中,这样就能大大减轻环境污染的程度,并提高资源的利用率。这就是"清洁生产"的思想。

"清洁生产"的内涵相当广泛。比如:工厂企业通过技术改造削减排污量,降低能源消耗,既提高了经济效益,又减少了对环境的污染,节省了治理环境的费用;通过清洁生产,大量降低工业用水和矿产资源的消耗,改变我国目前能源生产、消费结构以煤为主的现状;推广"绿色产品",最典型的是生产和使用可降解塑料,消除"白色污染",等等。

发达国家在推进清洁生产方面已走在我们前面。如美国,自1970年以来,人口增长了22%,国民生产总值增长了约75%,而能源消耗量仅增长了不到10%。同时，美国大气中的铅、烟尘、一氧化碳和二氧化碳的含量均大幅度下降，其他气体排放物的含量保持稳定。上个世纪70年代污染严重的河流，绝大部分已获得再生。这是美国重视清洁生产的结果。

清洁生产是对保护环境认识上的一个飞跃，是治"本"，而不是治"标"。我国工业发展和资源、环境的特点表明，要保持经济的持续稳定发展，就必须摒弃过去那种高消耗、高投入的发展模式，大力推行清洁生产，走技术进步、提高经济效益、节约资源的集约化的道路。

"绿色营销"

逛商店时，你是否注意到，现在许多商品都贴有一种图案——环境标志。环境标志又称为生态标志或绿色标志，它是一种贴在产品上的图形。环境标志不同于一般的产品商标，它是一种与环境保护联系在一起的特殊的产品标志。环境标志表明产品是绿色产品，且这种产品从生产到使用、回收，整个过程都符合环境保护的要求，对生态环境和人体无害或损害极少，并有利于资源的回收和再生利用。

实行环境标志制度是为了让人们在挑选商品时，除了考虑商品的价格、质量外，还要考虑这个商品对环境是否产生不良影响。环境标志的日益推广，可使得消费者的环保意识进一步增强，而消费者环保意识加强了，反过来又促使生产厂家更加重视绿色产品的开发和生产。调查表明，40%的欧洲人喜欢购买带有环境标志的产品。越来越多的人已经意识到环保的重要性，人们为了健康，为了保护自然环境，宁可多花一些钱，购买有环境标志的绿色产品。企业为了自身的利益，也将自己在环境保护方面取得的技术展示出来，以推动产品的销售。

消费者环保意识的加强，还会促使企业在生产过程中时刻注意环境问题，减少

食品绿色标志

对环境的危害。

当前，人们正在对传统生产工艺进行一场"绿色革命"，由此引发了产品消费上的一系列转变，"绿色营销"迅速崛起并风靡全球。在整个"绿色营销"体系中，环境标志是非常重要的一环。

世界上最早使用环境标志的国家是德国。1978年，德国实施了一项名为"蓝色天使"的计划，有关部门给3600种产品发放了环境标签，表明这些产品是无污染的绿色产品。在我国，1993年5月27日正式开始实施绿色环境标志制度。现在我国的绿色产品发展迅速。为什么绿色GDP是衡量发展的新尺度呢？GDP是"国内生产总值"的英文缩写，指的是一个国家或地区的居民在一定时期内（通常以年为单位）生产活动的最终成果。在传统经济学中，它是衡量一个国家或地区生产的最基本的总量指标。

然而，这种尺度似乎不太合理，因为它没有把一个国家或地区为经济发展付出的环境代价计算在内，比如，疾病增加了人们医疗方面的开支，污染加大了治理费用等，这些反而促进了GDP的增长。此外，现行的GDP指标完全不能反映经济发展过程中自然资源的亏损和耗竭。一个国家或地区可能已经发生了生态资源的"赤字"，却不影响它计算出来的GDP。举个例子来说，两个有丰富森林资源的国家，一个靠砍伐木材创造价值，另一个则靠森林旅游、藤制工艺品创造财富。前者破坏了生态，后者保护了生态。如果它们的GDP一样，能否说这两个国家的发展一样呢？显然不能，因为前者以消耗资源为代价，会导致生态恶化，人民生活质量下降，是不可持续发展；而后者合理利用资源，维持了良好的生态环境，是可持续发展。因此，单用GDP来衡量发展是不够的，也容易导致片面追求GDP而加剧对环境的破坏。

我们需要的发展是包括经济、社会、生态的综合协调发展，是可持续发展。因此，应考虑将自然资本与可持续性的整体衡量结合起来，为经济发展提供"绿色"的衡量方法。"绿色核算"可以通过绿色GDP或绿色国民生产净值等形式来表现。在"绿色核算"中，GDP值不仅要反映资本储备的贬值量，而且还要反映环境质量的变化，如大气污染、水污染和水土流失情况等。1992年联合国环境与发展大会通过的《21世纪议程》，标志

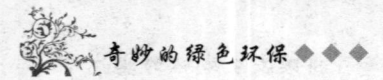

着人类社会将进入以"保护自然,崇尚自然,促进持续发展"为核心的绿色技术时代。随着人们对绿色技术、绿色产品以及绿色生活方式的认识的加强,绿色 GDP、绿色国民生产净值等也必将成为衡量发展的一个新尺度。

目前,人们正在探索制定能够完整体现可持续发展思想的指标体系。例如 1995 年,世界银行按照可持续发展的思想为评估各国财富制订了一套新的计算方法。它从自然资本、产出资本、人力资本三方面来综合性地计算。按照这种统计方法,我国在世界 192 个国家中排在倒数第 31 位,主要是因为我国自然资源匮乏(在新的统计结果中自然资本仅占我国财富的 8%)且人口庞大。因此,我国未来的发展必须以最有效的方式来利用我们有限的自然资本,再不能以资源高消耗、环境高污染为代价来换取 GDP 的高增长了。

绿色生活

绿色,这种象征大自然、象征健康的颜色,正以其独特的美丽,滋润着我们的生活,提升着我们的生活质量。在现代生活中,"绿色"已远远超出了绿化的概念,它已融入人们的衣食住行中,崇尚"绿色"已成为潮流。

环境的恶化对人类饮食上的威胁最为直接,于是,一类安全、营养、无公害食品进入了我们的生活领域。这类食品被称为"绿色食品"。截至 1999 年底我国共开发了 1300 多种绿色食品。还有"绿色家电",如"绿色冰箱",不采用污染大气的氟利昂为原料,具有低噪声、节能等特点。另外,被称为"绿色建材"的健康型、环保型、安全型(消防)建筑材料,正在逐步取代传统的建筑材料来构筑我们的家园。"绿色建材"不光指建材使用时对人类健康和环境所造成的影响,而且包括其在原料生产过程、施工过程及废弃物处理等环节中对人类环境的影响。

汽车是城市的一大污染源,为此人们在努力发展被称为"绿色交通"的安全、畅通、洁净的交通体系,如地铁、轻轨、液化石油气汽车、新型电力助动车、电车等。相应的"绿色能源"也渗透到现代生活中,如太阳能、天然气的广泛应用。我国的"西气东输"工程,就是将西部储量丰富的清洁燃料——天然气通过巨大的管道输送到东部地区。

为了保护环境，国际上倡导企业在生产中广泛使用"绿色包装"，即对环境无害，能再生利用的包装。同时，在国际贸易中，企业要获得环境质量认证的 ISO 14000"绿色通行证"，才能在贸易的数量、价格上不受限制。世界上广泛倡导的"绿色工厂"、"绿色饭店"都已出现在现代生活中。总之，"绿色"正进入现代生活的各个角落。

绿色消费导向

工业化国家的消费主义在影响着发展中国家，高消费的生活方式被错误地当作一种先进的时尚而被追随。宽敞的住房、私人汽车、名牌服装等成为发展中国家新近富有起来的阶层的标志。而进口食品、冷冻食品、一次性用具、各种家用电器、空调等在寻常人家也越来越普遍。改革开放后，中国的经济迅猛发展，人们的生活水平也有了很大的提高，消费水平随之上升。"满足人们不断增长的物质文化的需要"成为我国经济发展的宗旨。但我们在满足不断增长的物质需要的时候，应该考虑多少算够的问题。人们在评价自己的生活时，总喜欢与身边的其他人相比。实际上，更重要的是考虑自身的需要，而不是别人有什么我也要有什么。我们可以用一种俭朴的方式来实现这些基本需要。例如，用当地生产的产品而非进口产品；采用清洁、节能的交通工具（自行车在中国仍然是一种有吸引力的交通工具）；选购耐用品和可循环使用的产品……广告通常对人的消费有误导作用，商家往往用夸张的语言和不负责任的承诺，吸引人们购买更多的而且可能是不需要的东西。广告甚至成为一种文化来鼓吹着消费主义。在铺天盖地的广告的强大攻势下，人们需要有足够的定力，才能保持清醒，知道自己真正需要什么，而不是在来势凶猛的流行时尚中随波逐流。中国人民已经贫穷得太久，我们渴望过富裕的生活，盼望物质资料的极大丰富，但是，工业化国家高消费的生活方式意味着原料和能量的高投入，生产的高污染。如果发展中国家都实现发达国家的消费水平，所造成的环境污染和资源压力是我们的星球所无法承受的。工业化国家尚且对他们的消费方式进行反思，试图改变"太多"这种危害生态环境的方式，我们在向着更高的生活水平迈进之时，怎能不审慎呢？我们需要创造一种新的消费文化，一种富足而又节俭的生活方式。

绿色消费观念

本杰明·富兰克林曾经说过："金钱从没有使一个人幸福，也永远不会使人幸福。在金钱的本质中，没有产生幸福的东西。一个人拥有的越多，他的欲望越大。这不是填满一个沟壑，而是制造另一个。"高消费的生活方式是否令人们感到更幸福呢？就像人们常说的：幸福是金钱买不到的。对生活的满足和愉悦之感，不在于拥有多少物质。我们可以看见贫穷而快乐的家庭，也可以看见富有而不幸福的家庭。据心理学家的研究，生活中幸福的主要决定因素与消费没有显著联系。牛津大学心理学家麦克尔·阿盖尔在其著作《幸福心理学》中断定："真正使幸福不同的生活条件是那些被三个源泉覆盖了的东西——社会关系、工作和闲暇。并且在这些领域中，一种满足的实现并不绝对或相对地依赖富有。事实上，一些迹象表明社会关系，特别是家庭和团体中的社会关系，在消费者社会中被忽略了；闲暇在消费者阶层中同样也比许多假定的状况更糟糕。"因此，我们应该摒弃拥有更多更好的物质便会更满足的想法，因为物质的需求是无限的。而生活的物质需要是可以通过比较俭朴的方式来实现的。幸福和满意之感只能源自我们自身对家庭生活的满足、对工作的满足以及对发展潜能、闲暇和友谊的满足。既然幸福与消费程度不显著相关，幸福只是一种内心的体验，追求幸福之感则没有必要通过追求物质生活的享受来实现了。

太阳能住宅

在美国佛罗里达州，建成了世界上第一组全部使用太阳能的住宅。这套住宅的屋顶有一套大面积的太阳能收集装置，又配了108个光电组件，它们可以把太阳能转换成电能，每个组件的功率是59瓦，并配有蓄电的电池，可以在阳光充足时把转化的电能贮存起来，也可以把直流电变成交流电。这样，这个住宅的所有能源需求：抽水、空调、照明灯、冰箱、彩电、微波炉、冷冻机等，全部可以满足，而且即使连续7天是阴天，这套系统所储存的电能也能满足包括3个卧室在内的全套住宅的供电需要。

"绿色电脑"

和普通电脑相比,"绿色电脑"有三大特点:一、大幅度节能。如有的"绿色电脑"耗电量只及普通电脑的25%,有的"绿色电脑"在阳光充足的地方,能利用特别设计的高效太阳能电池充电。二、废旧电脑回收方法简便可行,回收利用率高。如:有的"绿色电脑"机身用再生塑料制成,待电脑废弃后仍可再生制作其他物品。这样就减少了垃圾,有利于保护环境。三、制造电脑各种元器件的过程中不会对环境造成污染。

不提倡燃放烟花爆竹

每年过春节的时候,许多人都爱燃放鞭炮,特别是少年儿童。点燃一串鞭炮,或几个式样各异的烟花炮,噼噼啪啪,五彩缤纷,真是热闹极了!用燃放烟花爆竹来庆贺新年,这在我国各地早已成为一种习俗,延续了上千年。这种习俗虽然能增添节日的欢乐气氛,却往往带来不少危害。

鞭炮的原料是火药,主要成分为硫磺、炭粉、火硝(硝酸钾)或氯酸钾。烟花炮或烟火是在火药中按一定配比加入镁、铝、锑等金属粉末和硝酸锶等硝酸盐制成的。燃放烟火时,不同的金属或金属离子会产生不同的颜色。鞭炮或烟火点燃后,它一边迅速燃烧、爆炸,喷射出五颜六色的火焰,一边产生大量的二氧化氮、二氧化硫、二氧化碳、一氧化碳等有害气体和各种金属氧化物的粉尘,造成空气污染。其中二氧化氮和二氧化硫具有极强的刺激性和腐蚀性,它们会刺激人的呼吸道,使人咳嗽,引起气管炎等疾病。

燃放鞭炮和烟花炮时,猛烈的爆炸声还是一种城市噪声,甚至成为严重的公害。尤其在除夕之夜近午夜时,街头巷尾,鞭炮声此起彼伏,震耳欲聋,整个城市硝烟弥漫,仿佛成了战场。这时,儿童、老人和心脏病人很容易受到惊吓,其他人也无法好好休息。此外,鞭炮在制作、运输和燃放的过程中,只要稍有不慎,就会爆炸、起火,酿成火灾,造成伤亡事故。燃放烟花爆竹会产生这么多危害,因此,在我国的不少大城市里,已禁止在一定的区域内燃放烟花爆竹。

拒绝白色污染

塑料在其发明后的 100 多年里，以其优良的性能和低廉的价格，迅速渗透到人们生活的方方面面。只要看看我们的四周，你就会发现我们的生活和塑料多么紧密地联系在一起。手中的笔、各种包装袋、计算机外壳、甚至汽车的某些部件也是用塑料制成的。塑料带给人们好处的同时，也带来了一个极大的麻烦。塑料是人工合成的有机物，在自然界中它的分解需要几百年，而人们合成它的速度又是如此之快，以至于很快人们就发现自己生活在废弃塑料的白色污染中。铁路两旁形成了白色污染带；用于农田

环保购物袋

保温的塑料薄膜遗留在田地里，破坏了土壤结构；在美丽的风景区也时不时地看见随手丢弃的垃圾袋、包装纸；垃圾场也为如何处理垃圾中的塑料大伤脑筋……因此，有人呼吁告别塑料袋，重新拾起菜篮，用其他的易降解的材料代替塑料，或者废塑料回收利用。

耐用品和可循环使用产品

用过即抛弃似乎成为现代生活的一个方面。一次性餐具、一次性水杯、一次性圆珠笔、一次性婴儿尿布、一次性容器……这些一次性的产品的确给人们的生活带来了方便，然而它们意味着更多的原料和能源的投入、更多垃圾的产生，也就意味着更大的环境影响。从我们使用一件物品所希望得到的效用（效用是指消费某种产品所带来的满足程度）来说，一次性用品和耐用品没什么不同，而且可能由于一次性物品用过即弃的特性，决定

了在某种程度上它们的质量和性能不如耐用品。拎着一个空的酱油瓶去换取一瓶新酱油，携带一只自用的水杯，可能会给你的生活增添一点小小的麻烦。但只要你想想，如果每天使用一只一次性的杯子，一年你会创造多少的垃圾？这些杯子的制造又需要多少原料和能量？你就会觉得这小小的麻烦是值得的。购买和使用耐用品、可循环使用产品，意味着少消耗物质和少产出垃圾。

绿色服务

一个环境保护主义者从欧洲旅行到中国来，他选择了国际列车而非国际航班。他的理由很简单，因为他有足够的时间旅行，他不想因为乘飞机而消耗更多的能源，从而对高空大气产生坏的影响。这个人用他的行动告诉我们，在我们选择看不见的服务的时候，也应该考虑我们获得这些服务的环境和资源代价。

对城市运行来说，公共汽车、地铁和有轨电车，每人每公里使用的能量是私人轿车所用能量的1/8；火车和公共汽车只需要商业喷气式飞机能量的1/10。步行和自行车不会产生生态损害，除了人需要补充食物外也不需要矿物燃料。因此，在我们用步行或自行车就能到达的距离之内，在一个公共交通便捷的地区，为什么不采取一种便宜而又消耗少的方式呢？

高科技的发展带来高消耗生活的同时，也创造了低消耗的服务方式。电话会议就是一种经济、可行的方法。海底光缆连通各个大陆，因特网实现了全球信息共享。对于获取服务方面，我们有众多选择，而环境影响也应该是选择时的一个重要考虑因素。

冰蓄冷可以节能

冰蓄冷，顾名思义就是利用冰将冷存储起来，在需要的时候将它放出来，供生活和工农业生产使用。需要用冷的地方有很多，如大中型商场、宾馆、饭店、银行、办公大楼、体育馆、影剧院、冷库、制药和啤酒行业以及我们的居室等。

储存天然形成的冰对房间进行降温，是人们很早就采用的方法。随着现代制冷技术的发展和制冷机械成本的大幅度降低，即时性制冷和供冷方式已基本取代了原有的天然蓄冷方式。现代冰蓄冷技术是在提高能源开发和利用效率、改善环境质量的背景下发展起来的，特别是20世纪70年代，许多发达国家出现了能源危机，促使人们进一步要求减少能源消耗，提高能源的利用率。

现代冰蓄冷技术是让制冷机组在夜间电力负荷低谷期运行，将生产的冷量储存起来，在次日需要时将它放出来，即将冷量的生产和使用相分离，以达到节能的目的。那么这种方法为什么可以节能呢？

科学家的研究和计算表明，冰蓄冷对节约能源的贡献，首先表现在它可以"移峰填谷"，均衡电网负荷。电能作为一种使用方便、容易控制和转化的能源形式，深受人们的喜爱。但电能的特点是不易储存，发电、供电和用电必须同时进行，也就是说发出多少电，用户就必须用掉多少电。如果发出的电多，而用户用电量小，则一方面造成很大的浪费，另一方面对电站和电网的安全和稳定性有很大影响；如果发出的电少，而用户用电量大，则必须拉闸限电。实际上用户用电是不均匀的。白天，人们工作、学习、购物，用电量较大，特别是夏季、冬季，许多场所都使用空调器，耗电量就更大了。为保证各种工作正常运行，必须提供足够的电力。而到了晚上，人们休息在家，用电需求大大下降。这给供电部门带来很大困难。举例来说，某一座城市，白天需要1000千瓦的电，而晚上只需500千瓦的电，那么电力公司就必须提供1000千瓦的装机容量，但在晚上50%的装机容量被浪费了。如果将晚间的"剩余"的电用来制冰，然后在白天用冰来降温，达到不开空调器和少开空调器的目的，这样就能降低白天的用电负荷，大大节约装机容量，节约投资和能源。另外，由于晚间周围环境温度低，因此，用来制冰的机组效率比白天要高，也可节省能源。此外，减少电厂装机容量或少建电厂，可减少有害物质的排放，对环境质量的改善有很大好处。

20世纪70年代初，工业发达国家开始研究冰蓄冷技术，80年代初开始使用。现在，冰蓄冷技术已作为一种电力负荷的调峰手段，较为广泛地应用在建筑物内部的降温和工业用冷上。

污水处理厂可以发电

污水处理厂与发电似乎毫无关系。然而，随着科学技术的发展以及人们环境保护意识的增强，污水处理厂不仅能处理污水，而且能将污水中的有机物变成能源。

污水处理厂

1980年，美国环保局通知洛杉矶市政当局，要求他们提高污水的处理质量，否则将禁止该市向太平洋排放经过处理的废水。于是，洛杉矶市政当局便大规模地改造扩建污水处理厂，投入了几亿美元。经改造后的污水处理厂处理后排放的污水完全达到标准。更可贵的是，他们利用了污水处理后留下的污泥发电，真正做到了变废为宝。

1985年投入运行的洛杉矶污水处理厂，每天可以处理1亿加仑（37.85万立方米）的污泥（从最初的污水处理中得到的黏性剩余物），然后再将这些污泥加工成燃料；同时，当污水通过18个微生物消污池时，还能产生大量甲烷。以上两种燃料可用作火力发电，共可发电25000千瓦，生产的电力除60%污水厂自用外，还有40%可提供给其他企业。

把污泥加工成燃料，须安装蒸发器。使用蒸发器比使用一般的干燥器节能25%~30%。污泥经蒸发器干燥后成为粉末状，这种粉末就是很好的

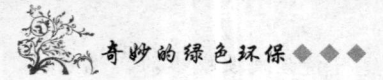

燃料。污泥再生燃料被送进一个流体化床反应器内进行汽化，然后在缺氧的条件下燃烧，利用它产生的能量来发电。用这种方法燃烧，能更好地提高热效率，并大大减少废气中的氮氧化物。

垃圾——"摆错位置的财富"

随着经济的发展和人们生活水平的提高，垃圾每年以10%的速度增长。现在垃圾已成为人类的一大隐患。世界上的城市每天排出的垃圾数量多得惊人，日本3500万吨，美国竟超过1亿吨。从卫星上拍摄的照片看，世界上所有的大中型城市，都被垃圾包围了。我国也是如此，660座城市中1/2以上被垃圾包围。

在一般人的眼中，垃圾污染环境、传播疾病，好像一无是处，但科学家却认为，垃圾是一种有开发价值的财富。垃圾中通常废纸占大多数，有30%~40%，玻璃占6%，金属占8%，植物废料占12%。日常的城市垃圾百废混杂，要使垃圾资源化，必须先对垃圾进行分类处理。在一些发达国家，居民区的垃圾都分类收集到不同的垃圾桶里，然后再运输到垃圾自动分选厂，通过一系列的程序，将垃圾中的金属、玻璃、塑料、橡胶等物质分选出来。分选后的垃圾，经过加工处理，就能变成有用的资源了。在德国，新闻纸中的60%、玻璃瓶中的50%、铜制品中的40%，都是从垃圾中回收提取出来的。在美国，钢铁工业中有1/2以上的原料是由废旧汽车提供的。

早在20世纪70年代，法国巴黎人就用垃圾焚化炉搬走了一座座的垃圾山，换来了30%的居民取暖用的热水。日本人则利用垃圾制成了颗粒肥料和建筑材料，种出了大而甜的葡萄，建起了质轻而又坚固的住房。如果把分拣出来的有机垃圾和塑料送进锅炉，它们燃烧后可产生蒸汽，能驱动汽轮发电机发电。这样，每燃烧1000吨垃圾，就可得到2万度电。美国马里兰州有一座城市动力厂，它以附近12座城市的垃圾为燃料发电，每天可节省7万多加仑（26.5万多升）的燃料油。烧剩的垃圾残渣还有用处，把细渣子捻碎后，掺进一些碎石，再放入水泥，重新加热到300℃，就是一种很好的铺路材料。

垃圾经过发酵，还能生产出沼气（甲烷）。美国建有世界上最大的甲烷电站，日产14万立方米的甲烷，可供应1万户居民使用。

现代化的高新技术使垃圾变成了有用的资源，垃圾成了"摆错位置的财富"。

目前发达国家多采用垃圾回收、分拣、处理加工、焚烧和综合利用的方法，使垃圾尽可能地被再生利用，创造财富。

首先要对生活垃圾进行分类收集。通过分类，将可再生利用的废纸、金属、玻璃瓶、易拉罐等与其他废物分开，这样既可以使物尽其用，又可以减少垃圾。剩余的无利用价值的垃圾可采用科学填埋和焚烧等方法进行处理。

科学填埋法，就是将分拣后的垃圾先进行减害化处理，再运到填埋场，用推土机或压路机压实，覆盖一层土，再放一层垃圾，这样逐层填埋，最后覆一层30厘米厚的泥土。在填埋2~5年后，可在上面钻孔取沼气，用管道引到附近的沼气发电厂用于发电。

焚烧法是近年来一些发达国家普遍采用的处理垃圾的方法。处理时通过高温燃烧，使垃圾焚化，所剩残灰只有原来体积的5%，大大减少了废物的数量。在焚化过程中，各种病原体也被消灭，有毒物质得到了无害化处理，焚化的热量还能产生蒸汽发电。焚化过程是在焚化炉中封闭进行的，现代焚化炉安装有除尘和除烟装置，可以防止垃圾焚烧时污染大气。

绿色消费

生态学上，将所有的生物划分为三大类：生产者、消费者、分解者。生产者指各种绿色植物，因为它们可以利用太阳的光能和二氧化碳，通过光合作用生成有机物。消费者指各种直接或间接以生产者为食的生物。我们人类被列入消费者的行列。分解者指各种细菌、真菌等微生物，它们分解生产者和消费者的残体，将各种有机物再分解为无机物，归还到大自然中去。整个自然的各种生命，组成了一个完美的循环。随着生产力的发展，我们人类的消费也逐渐变得越来越复杂。在原始阶段，人类不外乎是采集

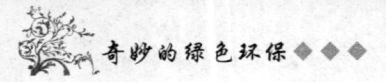

野果，捕捉猎物，消费的剩余物也是自然界中的东西，很容易被分解者还原到自然中去。而在近代和现代，人工合成了许多自然界不存在的消费品，如塑料、橡胶、玻璃制品等，这些消费品的残余物，被人类抛弃进了大自然中，但分解者还没有养成吃掉它们的"食性"。塑料、橡胶、玻璃等难以腐烂，难以在短期内重新以自然界能消融的形式再返大自然，便作为垃圾堆存下来。另外，我们所使用、所食用的东西，它们的生产过程已经不是纯粹的自然过程，因此，它们的生产，也对环境产生了影响。例如，我们吃的面粉，它的生长过程需要大量的人工、机械，甚至化学药剂的投入。首先，麦种可能是人工培育出的高产杂交品种，需要农业生物学家的研究和育种，种植时需要机械播种，接着在生长过程中为了提高产量可能需要施加化肥，为了抵抗害虫的侵袭而喷洒杀虫剂，为了去除野草使用除草剂，最后还要机械收割，脱壳，再磨成粉，去除麸皮……小麦的生长阶段和面粉的加工过程中，都会对环境产生影响。播种、收割用的机械，需要人工制造，钢铁需要从采矿开始，直到制成机身；机械的开动需要柴油或汽油等能源；未被吸收的化肥会随着径流流入河流、湖泊，造成富营养化；农药会杀死害虫以外的其他生物，还会残留在土壤中，破坏土壤结构，加剧土壤流失；残留在农作物中的农药会进入人类的食物链，影响我们的健康……因此，我们选择生产过程对环境有不同影响的消费品，对环境就有不同的意义。

因此，做一个绿色的消费者就意味着在我们选择消费品时，要考虑它们在生产过程、消费过程以及处置过程中对环境的影响，然后选择那些对环境影响最小的消费品。

产品的生态设计

从环境观点来看，我们消费的每一种产品都给环境带来负担。据估计，生产1吨产品平均需要8吨原材料。产品不仅在制造期间需要材料和能源，而且在返回环境之前，往往还要消耗能源，造成污染。传统的产品设计将重点放在设计、制造和保养上。然而今天，人们在设计产品时不得不关注环境，因为产品在它从原料、设计、制造、销售、使用，直至废弃处置的整个生命周期，全都以某种方式影响着环境。在这种新的设计过程中，要给予环境以与利润、功能、美学、人体工程、形象和总体质量等传统的工业价值相同的地位。这种设计思想和方法就叫生态设计。

当前主要的生态设计有两种类型：

一是产品改善，即从污染预防和关心环境出发，对现行产品进行调整和改良。产品本身和生产技术一般将保持不变，所做的调整主要是污染预防和资源回收利用。例如：建立轮胎回收系统，改变原材料，改变所用冷却剂类型或增加防污染装置等技术。

二是产品再设计，即保持产品概念不变，而对产品的组成部分进行进一步开发或更新。产品再设计的目标是：增加无毒材料的使用，使产品易于再循环，易于拆卸，增加备件和原材料的重复利用，或最大限度减少产品生命周期中若干阶段的能源使用量。

在废物循环再利用领域，生态设计的思想是如何运用的呢？人们提出了"4R"的设计要求，即减量、再利用、循环再生、回收。

"减量"是指产品在既定的功能和价格的前提下，通过合理设计，将使用的资源抑制在最低限度。如：省去使用价值不大的牙膏包装纸盒；同样一只瓦楞纸箱，采用先进的楞型纸板，使减少纸层后同样可以实现保护商品的功能；用可充式电池代替普通干电池，可重复多次使用，大大地延长产品的使用寿命，相对地减少垃圾产生量；同样容量的一只啤酒瓶，采用薄壁轻量化设计，可比普通啤酒瓶节省30%的材料；将防震产品的运输填充物由实心材料改为空心材料。

"再利用"是指设计的产品在使用后无需加工即可再加以利用，或者以废物的整体形式再利用，或者即使整体不能再利用，零部件仍可再利用。如：用可多次加油、换火石的打火机代替一次性打火机，可减少塑料废物；将食用完的装酱菜的玻璃瓶用作茶杯，不需要加工处理即可实现功能替换。马来西亚还设计出一种装载家具的可折叠硬纸箱，能折叠成多种形状，适合装载不同形状的家具，实现整体通用性。

在考虑重复回收利用时，德国提出了"取回"回用政策，产品不是向消费者出售，而是由生产商"租出"。例如，奥迪公司正在利用回收的旧汽车组件制造新汽车并出租,以减少汽车的废件量,这样做不仅降低了环境负荷,而且节约了资源。与此类似的"出租"产品还有施乐复印机等。此外,柯达公司也曾设计出易于拆卸和重制的照相机。

"循环再生"是指设计的产品有利于废物作为生产原材料再生回收利用。为此,要求设计出的产品容易拆卸组装,每一零部件避免使用多种不同材料复合,零部件上附有所用材料的标记,便于按材料的不同种类进行分离、再生。尽量选用可再生循环的材料。

"回收"是对废弃物中有用的资源或成分再加以利用,属于部分资源回收的一种方式,它要求设计时采用材料替代品,更有利于回收有用的资源。例如,为了从废塑料薄膜中回收热能(焚烧),采用焚烧的处理方式,应选用不含铅的塑料,以免焚烧时危害环境。再如,回收炼铁厂的热源。我国第一套炼铁厂高炉顶压发电设备已在上海通过鉴定并投入生产。高炉顶压发电的原理是利用高炉炼铁时所产生的大量高压煤气,经过减温减压后输送给用户之间的压力差来进行发电的。这套设备的发电能力为 1700 千瓦,年发电量可达 1000 万度。这项热源的回收可获得巨大经济效益。

绿色食品

绿色食品并不是指绿颜色的食品。奶粉可以是绿色食品,牛肉也可以是绿色食品。如果你注意观察,许多食品的包装袋上都有一个小绿苗的标志,旁边有"绿色食品"的字样。这些食品在生产和加工的过程中,尽量不用或少用化学药品。因为化学药品可能会残留在食物中,随着进入人体,对我们的健康造成损害。例如,果园里喷洒农药,农药会残留在水果的表皮中;用生长激素喂猪,激素会进入猪肉中,人吃了这样的猪肉,激素会影响人体的新陈代谢和正常发育。有机食品比绿色食品的要求更严格,它们的生产过程完全不允许使用任何化学合成物质,它们是真正无污染、高品位、高质量的健康产品。

20 世纪 70 年代以来,人们的环保意识日益增强,发达国家的有识之士提出了发展"有机食品生产企业"、消费无害食品的概念。于是,质量优、营养丰富、食用安全的有机食品应运而生,并率先风靡欧美等国,进而推广到世界各地。据国际有机农业运动联盟统计,目前它已拥有570多个成员组织,分布在115个国家和地区。

绿色食品的生产制作、质量和外包装都有一定的标准。绿色食品必须在绝对不受污染的环境中生产和制作。农作物、畜禽、水产品等原料,其种植、饲养、养殖及加工都必须符合一定的生产操作规程。比如,要划出一批专用的农田来生产绿色食品,选用抗病虫害能力强的优良品种,尽量用天敌方法治虫,用腐熟的有机肥作肥料等,不施用化肥、农药等化学品,使食物中农药等污染物的残留极低。绿色食品的外包装必须符合特别的包装、标签规定,上面必须同时印有绿色食品的商标标志、文字和批准号,其中标志和"绿色食品"4个字为绿色衬托的白色图案。

绿色管理

随着环境保护宣传的深入,许多人对"绿色食品""绿色标志产品"等新名词已不再陌生了。然而你听说过"绿色管理"吗?"绿色管理"的标准是什么?ISO 14000系列标准就是"绿色管理"的标准。ISO是"国际标准化组织"的英文缩写。1996年、1997年该组织先后颁布了ISO 14000系列标准中的6项标准,它们分别是ISO 14001:环境管理体系——规范及使用指南;ISO 14004:环境管理体系——原则、体系和支撑技术通用指南;ISO 14011:环境审核指南——通用原则;ISO 14012:环境审核指南——环境审核员资格指南;ISO 14040:生命周期评估—原则和框架。

ISO 14000系列标准的颁布,在全世界引起了很大的震动,因为以前人们只重视产品的"绿化",现在ISO 14000系列标准的提出,表明管理也要"绿"起来。那么ISO 14000系列标准是怎么使管理"绿"起来的呢?ISO 14000系列标准要求在组织内部建立一个环境管理体系,对产品"从摇篮到坟墓",也就是从开发设计、加工制造、使用、报废处理以及再生利用的全过程,或者对组织的活动、服务的全过程,是否符合环境要求,进行计划、监督和周期性的评估,确保在每一个环节都减少对环境的影响,实现经济与环境的协调发展。

　　ISO 14000 系列标准与以往的环境标准有很大的不同,它有以下几个方面的特点:1.强调符合法规,它要求组织的任何行为,都要符合国家的环保法规和政策;2.它不是强制性的,企业可以自愿决定是否按照这个标准建立环境管理体系;3.强调预防为主,它要求通过各种管理措施把污染消灭在萌芽中;4.广泛适用于各种组织,不论工厂、商店,还是研究所、学校、机关,只要它有建立环境管理体系的愿望,就可以依照 ISO 14000 系列标准建立环境管理体系;5.它不是以水、土、气等单一环境要素为对象的,而是以整个环境管理体系为对象;6.强调持续改进,不断完善;7.依据标准建立的环境管理体系的所有内容都要形成文件,有据可查。

　　ISO 14000 系列标准使管理"绿"起来,将对控制污染、提高资源利用率、保护生态平衡、为人类创造一个绿色世界起到巨大的作用。毫无疑问,它将大大推动环保法规和制度的贯彻执行。ISO 14000 系列标准把环境管理由单纯依靠政府的强制性管理,转变为企业自愿参与的市场行为,企业从原来被动接受转变为主动开展环境管理。许多企业不仅建立自己的环境管理体系,并通过认证,还要求为它供货的企业也要获得认证,这样就形成了链式效应,带动一批,影响一片。ISO 14000 系列标准强调污染预防、全过程的环境管理和控制,可以促进企业改进产品的环境性能,多开发无毒、无污染的绿色产品,在生产过程中采用节约能源和原材料、低污染的绿色工艺,从而促进清洁技术的应用,促进环境与经济的协调发展。ISO 14000 系列标准要求对员工进行系统的环境知识和技能的培训,使每一个员工都参与企业的环境保护工作,这样就能有效地推动全社会环境意识的提高。

畅想未来

未来的农业

农业科学正在酝酿着许多重大变革,向人们展示了未来农业发展的趋向。

未来农业由"平面式"向"立体式"发展。为了在有限的土地上获得大量的农产品,有人提出应将作物布局由平面向立体方向发展,主要途径是巧妙利用各类作物在生长过程中的"空间差"和"时间差",按照上下错落的方式,进行精心组装,合理搭配,塑建成多层次、多功能、多途径的高效生产系统,力求全面捕获光能,充分挖掘水、肥、土、气、热潜力,从而创造出成倍提高的产值。如在水中搞密养、混养以及分层养;在地上推行高矮间作、长短套种、喜荫与喜光品种共生等等,都是这方面的典型。

由"石油型"向"生态型"发展。专家认为,生态农业是一种久盛不衰的方式,必将在未来农业中占主要地位。

由"自然式"向"设施式"发展。现在的农业生产,一般在露天大地上进行,经常遭受自然灾害的袭击。未来农业将由大量现代化保护设施来武装,如各类高度自动化控温室、全套先进的输液系统等。有人预测,在未来的 10~30 年内,将有相当部分的蔬菜、花卉等作物的生产,由田间移到温室,再由温室转到可全控的环境室内。到那时,这些作物的生产再也不会受农时季节的限制,而是按照市场需要,实行周年播种,全年收获。

由"机械化"向"电脑自控化"发展。农业机械化给现代农业带来了很大活力,然而随着计算机的发展,这些机械将要逐步让位。据预测,今后"超级智能机器人"将参与农场的一切管理,并且完成各种农活。

由"陆地型"向"宇宙型"扩展。科学家认为,随着人类的"远走高飞"奔向宇宙，农业也要进入太空。科学家预计，在21世纪，美国可能有首批居民定居月球，第一艘由人操纵的太空船将抵达火星，随后进行自动化采矿与农耕实验，届时到宇宙办工厂、兴农场就会进入实用阶段。

由"农场式"向"公园式"发展。在21世纪，人们不仅要求吃好、用好、穿好，而且要求玩好。由于土地日益珍贵，一些具有远见的农艺家，别出心裁地将一个个农场改建成一座座农业公园。现在荷兰、日本正在朝这个方面尝试。在农业公园内，有各种动物、植物、花卉和娱乐场所，自然景色真实，空气新鲜，布局艺术，四季协调。

由"化学化"向"生物化"发展。现代农业已经进入了化学时代，然而科学家认为。随着基因工程等生物技术的发展，这种局面也会发生变化。譬如说，生物固氮如果成功，那么在很大程度内可以取代氮肥。抗病虫基因的引入，会大大减少农药的使用。所以人们预料，今后将是生物化逐步取代化学化。

随着科学的发展，现代农业正在不断地向着更高级、更完善的方向过渡。

未来的燃料

细菌造油

加拿大多伦多大学的魏曼教授，很早就发现了几种能够"制造石油"的细菌。这些微生物的组织结构中，几乎80%是含油物质。在电子显微镜下，它们很像一个个的塑料口袋，里面装满了油。

魏曼把这类微生物放在一起，用二氧化碳喂养，就组成一个"微生物产油田"，结果在实验室里制造出4公升油，这种油很像柴油。

实际上，石油也是从千奇百怪的小生物变来的。古代的水生生物埋藏在地下，在几千万甚至几亿年漫长的岁月里，经过大自然的作用变成了石油。它的主要成分是碳和氢。

科学家们发现，有不少微生物不仅会"吃"这类碳氢化合物，而且还有"积存"碳氢化合物的本领。比如，有一种叫分枝杆菌的微生物，它能够产生类似于碳氢化合物的霉菌酸，像酿酒、制酱那样。经过酶的催化作用聚合到一起，就得到了一种真正的菌造石油。

根据这个原理，建造一个人工湖，把微生物"放养"到水里，水里溶解有足够的二氧化碳，作为它们的"食料"，用不了多久，微生物便成千成万倍地繁殖。培养出来的微生物，可以用过滤器收集，然后送到专门的工厂里去"炼油"。

让细菌造石油，只要二氧化碳供应充足，造油速度很快，两三天就能收获一次。细菌造油的人工湖和炼油厂到处可以建造，生产持续不断，风雨无阻。据说，只要掌握天时地利，每亩水面每年就能够生产3700桶原油。

野炊热饭不用火

有一群人到市外的自然保护区去旅游。时过正午，大家早已跑得饥肠漉漉，盼望着早点开饭。但是，各人都没带熟食，只带了些大米、生肉、蔬菜之类，原来是准备野炊野餐的，然而，在大森林里到哪里去取火？

这时，有一人从提箱里取出一些瓶瓶罐罐，他把米淘好，放在一个瓷盒内，不到半小时，香喷喷的米饭就做好了。接着，他又炒出了可口的热菜，还煮了咖啡。谁都没有看见他生火。

大家问他，这顿饭是怎么做熟的？他说，他采用的是一种不燃烧的固体燃料。

这种固体燃料是由固体粉末和水溶液两部分组成的。在未使用时，它们被分别保存；使用时，让它们两者结合，这时，它们会发生剧烈的化学反应，放出足够的热量，把食品加热。

固体粉末大部分是石灰质原料，如石灰石、生石灰、熟石灰等，再加上一些能调节黏度、能控制化学反应的添加剂。

水溶液是氯化镁或氯化钙水溶液，浓度一般为15%～30%。

这种固体燃料，从粉末和水溶液掺合时算起，约10分钟左右，就可以热到100℃，在这以后，温度保持在70℃左右，继续反应，可达30分钟。每公斤固体粉末大约可产生278千卡的热量。

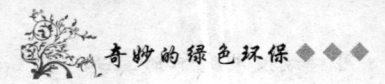

这种产品的特点是利用化学反应产生热量,不需燃烧,不出明火。对于野炊来说,不必担心发生火灾,比较安全。还可以用来取暖,价格只有沼气的1/3。

氢将是最理想的能源

科学家们认为,氢将是将来最理想的新能源。因为燃烧相同重量的煤、汽油和氢,放出能量最多的是氢;氢的火焰的发光度非常低,散发的热度很低,它是一种最安全的燃料;氢燃烧的产物是水,不污染环境,这点大大优于煤和汽油。

科学家发现许多原始的低等生物在其新陈代谢的过程中可放出氢气。日本生物学家用淀粉营养液培养红汲毛杆菌,每消耗5毫升营养液可产生25毫升氢气。美国宇航部门正准备将一种光合细菌带上太空,用它放出的氢来作为航天器的能源。藻类放氢是较有前途的生物制氢方法之一,能放氢的有蓝藻、红藻、褐藻、绿藻等,德国已准备建造用藻类制氢的农场。

科学家还设想在水中放入催化剂,在阳光照射下激发化学反应,把水分解成氧,加拿大已投资340万美元,利用魁北克省巨大的水电资源生产氢。沙特阿拉伯正在建造一座名为"氢太阳能"的太阳能制氢工厂,发电能力为350千瓦。

未来的汽车燃料

目前各国科学家正加紧研制开发新的汽车燃料,大致有以下几种:

太阳能

日本的霍克桑公司开发出一种太阳能21汽车,总长为5.95米、宽2米、高约1米,时速可达100千米。它的驱动器由1820个光电池组成,这种光电池的转换率为19.3%,输出功率为1.4千瓦。

天然气

由于天然气资源丰富、价格低、对环境污染小,英国恩拉克尔公司的研究人员将燃烧汽油的汽车改装为燃烧天然气的汽车，用压缩天然气来代替石油。

电能

新能源电动汽车已走进千家万户，它是靠充电电池来驱动的。苏联的工程师也提出了研制一种感应电力汽车的设想，汽车靠从路面感应到的电力来驱动。

氢燃料

日本、英国、瑞士分别研制以氢为燃料的新型汽车，它不需带笨重的氢储存箱，驱动汽车所需的氢气是在汽车行驶的过程中产生的，我国在氢能汽车研发领域取得重大实践，已成功开发出氢燃料电池汽车性能样车。

替代品

各国科学家纷纷研制石油的替代品，并试图将这些"新能源"用于汽车。

未来新光源——化学灯

最近，一些来自工厂、部队的参观者在清华大学化学系的一间教室里，看到了一种新奇的灯管，这种灯不用电，也不用油、不用气。只见一人轻轻一按手中七支指头粗的透明聚乙烯管，竟亮起赤橙黄绿青蓝紫七色光，七支小管成了七盏彩灯。

原来这是"化学灯"，学名是"化学发光冷光源"。是用草酸酯和过氧化氢反应，再用新型催化剂和发光液将化学反应产生的化学能转变为光能，而制成的一种光源。这种化学灯，发光时不产生热效应、电效应，发光体无毒、无放射性，不会造成污染。发光时间短的才几分钟，长的可以到8小时，是一种新光源。

未来燃料电池

燃料电池是一种把燃料中的化学能转变为电能和热能的装置，主要由

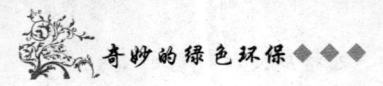

燃料、氧化剂、电极和电解质4部分组成。燃料一般采用氢、甲醇、氨、乙二醇、烃、肼和天然气。氧化剂是空气和氧气,电极分别为阳极(燃料极)和阴极(氧化剂极),电解质可用液态、固态和熔融态的电解质。

目前,世界各国的燃料电池主要有以下四类:

磷酸型燃料电池。这种电池也被称为第一代燃料电池,它使用纯度极高的氢作燃料,在200℃的高温下运转,发电率达40%左右,可代替火力发电站和海上岛屿发电站。但由于它在燃烧的过程中需要使用铂催化剂,这种催化剂在发电的过程中会形成结块,从而缩短了该电池的使用寿命。另外,由于成本较高,因而难于推广。

溶融碳酸盐型燃料电池,也被称为第二代燃料电池。它使用的燃料是天然气,不仅含有氢,还含有一氧化碳,它还可使用煤气等含氢纯度低的燃料。溶融碳酸盐型燃料电池的发电率可达50%左右,如果将这种燃料电池构成的发电系统,利用高温排热,与汽轮机或蒸汽轮机相结合的话,发电率还可进一步提高到55%左右。另外,由于它在发电的过程中化学反应异常活跃,因而不需要使用催化剂。

固体电解质型燃料电池,也被称为第三代燃料电池。由于它使用的电解质是陶瓷化合物,因而可在800~1000℃的高温下运转,发电率可达到50%以上。目前,这种燃料电池已用于实际之中。

碱型燃料电池。由于它必须使用纯氢作燃料,因而它的成本极高。目前,它的使用仅限于宇宙开发方面,如果要用于一般发电或民用方面,只能到氢能时代才能实现。

在各种由其他形式的能转换成电能的发电形式中,燃料电池的转换率最高,理论上讲可达100%,实际上已达80%。可见,燃料电池有着广阔的发展前途。

燃料电池是把燃料的化学能直接转化为电能的发电装置。所用的燃料是氢、甲醇、乙醇、烃、氨及天然气等,再有氧化剂、电极、电解质就行。以磷酸电解质电池为例,把燃料氢供给燃料极,氢就被催化离解成氢离子并释放出电子,氢离子通过电解质磷酸水溶液、电子通过外电路分别到达氧化剂极,氢离子、电子和氧化剂(空气中的氧)反应生成水。在电子流通过外电路时，就向负载输出了电能。这个原理和普通电池的发电原理相似。所不同的是，普通电池的反应物是预先放入电池内，一旦反应物耗尽，电池就报销了；燃料电池则不同，它的燃料和氧化剂可以连续不断地输入，所以它就能连续不断地供电。

燃料电池结构简单，工作可靠，维修方便，无污染，在宇航、潜艇、灯塔和无线电台等场合已开始应用，只是成本高一些。

未来交通

电动汽车

电动汽车是指以车载电源为动力，用电机驱动车轮行驶，符合道路交通、安全法规各项要求的车辆。它使用存储在电池中的电来发动。在驱动汽车时有时使用12或24块电池，有时则需要更多。

电动汽车的组成包括：电力驱动及控制系统、驱动力传动等机械系统、完成既定任务的工作装置等。电力驱动及控制系统是电动汽车的核心，也是区别于内燃机汽车的最大不同点。电力驱动及控制系统由驱动电动机、电源和电动机的调速控制装置等组成。电动汽车的其他装置基本与内燃机汽车相同。

为电动汽车的驱动电动机提供电能，电动机将电源的电能转化为机械能。应用最广泛的电源是铅酸蓄电池，但随着电动汽车技术的发展，铅酸蓄电池由于能量低，充电速度慢，寿命短，逐渐被其他蓄电池所取代。正在发展的电源主要有钠硫电池、镍镉电池、锂电池、燃料电池等，这些新型电源的应用，为电动汽车的发展开辟了广阔的前景。

中国电动汽车重大科技项目的研发开始于2001年，经过两个五年计划的科技攻关以及"奥运"、"世博"、"十城千辆"示范平台的应用拉动，中国电动汽车从无到有，技术处于持续进步状态，建立起了具有自主知识产权的电动汽车全产业链技术体系。经过十年磨一剑的历程，中国的电动汽车已经开始从研究开发的阶段进入了产业化的阶段，冉冉升起的中国电动汽车产业正在呈现出蓬勃的生机。

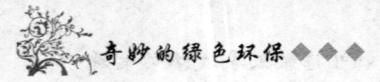
奇妙的绿色环保

水上自行车和冰上自行车

水上自行车不像普通自行车那样有两只车轮,而是在一个塑料或木制的船体上安装车身,因此它上半部像自行车,下半部像只小船。

水上自行车的船体后部装有螺旋桨和车舵。骑行者踏动脚镫,通过齿轮传动机构带动螺旋桨转动,自行车就像船一样前进了。转动把手时,把手两边的钢索就能通过滑轮牵引车舵转动,便能改变航向。如果要刹车,只要倒踏,使螺旋桨反转,就能制动。这种自行车实际上是一种脚踏船,它既可作水上交通工具,也可用于体育比赛。

冰上自行车的速度可达每小时 15 千米,但不像普通自行车那样会打滑和摔倒。它的结构很简单,没有车轮,没有座鞍,也没有踏脚。它的前叉下面是一块前刀板,车头是同车把相连的两根管子,上面套着两个能转动的套管,套管又连着活动车架,车架后面是两块踏板和两块后刀板。骑车人的双手握住车把,两脚分别站在两块踏板上。所以,冰上自行车不是骑的,而是站的。

冰上自行车是靠像滑冰鞋上冰刀那样的刀板滑行的。它实际上是一部人力冰橇,滑行时就像滑冰一样,用后面一对刀板推着冰面,使冰上自行车向前滑行。冰上自行车还有刹车装置。骑车人只要重踏垂直轴,使轴踏入冰面,就能很快地制动车子的前进。

火车上的新技术

火车是交通运输的重要工具,由于生产的发展,对列车从几个方面提出了更高的要求。对于货运列车来说,要求一趟列车必须在保证安全的前提下,最大限度地增加运输量,因此已经制造出能载重 90 吨甚至 120 吨的车辆。有的国家则把车厢的高度增高,使列车在不增加总长度的情况下,装载更多的货物。当然,根据货物性质的不同,制造出各种适用的专用货车也是增加运输效率的一个重要方面。

对于客车来说,安全、舒适和快速当然是新型列车的首要保证条件。目前已经有好几种新型列车正在设计或使用之中。譬如摆动式客车，这种客车车体同车轴的连接并不像通常那样是固定式的，而是悬挂在一个支架上，支架的底座则同车轴固定。一旦车辆高速行驶或转弯时，就会减轻车厢的震动。另一种列车叫管道列车，即让列车在一个巨大的管道里行驶，车速就可以大大提高，每小时可以超过500千米。再一种是气垫列车。它没有轮子，开动时有强力的气体喷向轨道，使它悬浮起来，利用列车后的螺旋桨推进，这样就减小了阻力，大大提高了车速。同它相似的有磁垫列车，它是利用磁学原理，使列车车轮悬浮在轨道上行驶，以提高车速。

不需烧油的船

船靠发动机产生动力，才能够前进，它大多需要烧油。这不但消耗宝贵的石油燃料，而且还污染环境。全世界七八万艘商船，一年耗燃油1亿多吨，排出1亿多吨二氧化碳、近千万吨氮氧化物，以及大量的硫氧化物等等。如此巨大的燃料消耗，如此严重的污染，怎么能不引起人们的重视呢？

正因为如此，所以人们在不断地研究和发展不烧油而可以正常运行的船。

核动力船是一种不烧油，而是"烧"铀的船。它是用铀作为燃料，在船的核反应堆中进行核裂变反应，放出大量热能，通过热量传递媒介物质（水），把热量传给蒸汽机，驱动船的螺旋桨，使船前进。

这种船是怎么发展起来的呢？

当美国制成原子弹，并在广岛投放之后，海军首脑就宣称：原子弹的主要作用是"转动世界的车轮和推动世界上的船舶"。

次年春，美国海军决定派人到橡树岭，参加建造小型动力核反应堆的"丹尼尔斯工程"，并选派海军上校海曼·里科弗为橡树岭工程小组的领导人。

当时，里科弗对核科学一无所知，但他过去的工作是出色的，而且还有一个特点，不阿谀奉承，敢于提出装备上存在的缺点，不怕使上司难堪。到橡树岭半年，他对核动力作为海军潜艇的动力产生了浓厚兴趣，并对核动力装置在舰船上的特殊优越性有了进一步了解。

后来，他被任命为研制核潜艇的领导，指挥研制了第一艘核潜艇，名为"鹦鹉螺号"。它铺设龙骨时，还特意举行了仪式。过去，里科弗曾在白宫参加过有总统出席的会议，知道总统对核潜艇工程很感兴趣。这次开始铺设龙骨，里科弗想邀请总统参加。他按照政界礼仪，求参议员麦克马洪帮助。麦克马洪是国会的领袖，是原子能联合委员会主席，因癌症不能离开病房，就给杜鲁门打了个电话，杜鲁门高兴地答应了邀请。举行仪式这一天，船厂挤满了观众。虽然这是一项军事工程，但杜鲁门在讲话中，把这艘艇看成是向着和平利用原子能迈出的第一步。"鹦鹉螺号"于20世纪50年代制造出来了。有人称里科弗为"核潜艇之父"，也有的称他为"核海军之父"。

从这以后，核潜艇就大力发展了起来。因为以核为动力，马力大，隐蔽性好，水下作战能力强，所以军用潜艇和航空母舰多用核作动力。

因为成本原因，商用航船还很少使用核动力。但是，俄罗斯凭借核潜艇技术的优势，在"军事转向民用"的热潮中，大力研究民用核动力运输潜艇。目的是用核动力潜艇横渡北冰洋，穿越北极，通过最短的航线向美洲运送货物。另外，运输潜艇在水底下航行，不受风、冰、雾、浪的影响，可以全天候航行。

太阳能船也是不烧油的船。它是在晴天的日子里，利用硅太阳能电池，将接收到的太阳光的能量直接转换成电能，再由电能驱动电动机，带动螺旋桨，推动船前进。

太阳能船多是游览船。太阳能游览船早已得到了实际应用。我国第一艘太阳能游览船，是由宁波市研究出来的。此船顶上铺设了3000多块2厘米见方的硅太阳能电池，船内安有蓄电池，以便晴天时存储电能，供阴雨天使用。

国外也十分重视太阳能船的应用，澳大利亚的普林斯·艾尔弗雷德学院40名二年级学生，用几个月时间制成了太阳能船。船是采用丁二烯蜂窝状材料制造的，船体轻，浮力大，航速达10千米/小时，可连续航行数小时。

太阳能船的成本高，所以还没有得到普及。但是，将来太阳能电池制造技术发展之后，太阳能是大有前途的。

未来的路面

道路建设随着交通事业的发展，而出现了许多技术上的进步。许多新型的路面，在材料、结构、功能和形式等方面，都较传统路面有很大的区别，也为未来交通的发展作好了准备。

国外生产了一种可以移来移去的路面，它是由轻质铝合金制成的。当人们发现某段路面被损坏了，可以用车辆及时将这种新路面运到现场，作为临时补救之用。路面专家还用聚丙烯等材料来修复路面，将它铺在受损的路段上后，使其底面熔化，与原有路面紧贴合一，显得十分牢固。这种路面极耐腐蚀，使用寿命很长。

一般情况下，人们总是觉得平整光滑的路面比较"高级"。其实，对于行驶的车辆来说，带有花纹而略显粗糙的路面才更好。这是因为，车辆以高速度行驶时，路面防滑尤其重要。于是，在修建道路时人们用特殊的筑路机械，在路面上留下了各种图案的花纹，它就如同防滑地砖一样，汽车即使在雨天行驶也不易打滑，好像装上了一条"道路安全保险带"。此外，用橡胶微粒和水泥混合，加入专用化学胶水后铺设路面，也能起到防滑的效果。而且，这种路面耐磨度特高，其强度比沥青路面的高得多。

更有趣的是，美国有一位工程师从汽车对路面的重压受到启发，在路面下安装了一种踏板式的转动轴。车辆开过踏板时的重压，能使转动轴转动，带动相连的发电机发电，这些电能被用来作为道路照明用电，并且绰绰有余！

除此之外，人们还根据不同的需要，设计出了彩色路面、发光路面、电子控制路面、防水路面等多种新型路面。相信过不了多久，我们的交通将是另外的一种样子。

纳米科技时代的到来

现在人类已经进入了一个崭新的科技时代——纳米科技时代。

纳米（1纳米等于十亿分之一米）科技是在纳米尺度上，研究应用原子、分子现象及其结构信息的高新技术。它的最终目标是直接用原子、分子在纳米尺度上制造具有特定功能的产品。

纳米不仅意味着一定的空间尺度，而且提供了一种全新的认识方式和实践方式。

与以往的科学技术不同，纳米科技几乎涉及现代所有的科技领域，并引发了纳米电子学、纳米生物学、纳米化学以及纳米材料学、纳米机械工程学、纳米天文地质学等密切相关又自成体系的新科技领域。

1990年3月，在美国道尔基摩召开的世界首次纳米科学技术会议，正式宣布了纳米科技的诞生。

在短短的几年时间内，各国科学家在这个科技领域已取得了日新月异的成就。其中，纳米化学的研究与发展尤其令人注目。

纳米化学及其他纳米科技的发展，离不开扫描隧道显微镜（简称STM）。这一本领非凡的仪器于20世纪80年代初研制成功。1986年，其发明者G. Bimig和H. Rohrer博士因此荣获诺贝尔物理学奖。

纳米科技的关键技术是借助STM直接操纵、移动原子和分子，目前这一技术已取得了重大突破。随着纳米科技的发展，人们已经能够直接利用原子、分子制备出包含几十个到几百万个原子的"纳米微粒"，并把它们排列成为三维的纳米固体。纳米固体有一般晶体材料和非晶体材料都不具备的优良特性，被誉为"21世纪最有前途的新型材料"。

纳米技术还能提供一种逐个原子组合成新物质的能力，这使人类有可能制造出新的智力生命或其他物种，也有可能使人类自身变成一种"超人"。

纳米科技的诞生使人类改造自然的能力直接延伸到分子和原子。科学家们认为，纳米科技将开发物质潜在的信息和结构潜力，使单位体积物质储存和处理信息的能力提高百万倍以上。这一作用不亚于20世纪三四十年代对核潜能的开发。可以毫不夸张地说，纳米科技必将雄踞于21世纪，对人类社会产生重大而深远的影响。

未来的住所

用塑料盖房子

人类的住房,从采用"秦砖汉瓦"砌筑到用钢筋混凝土建成,已经是相当大的进步。还有没有更加先进的房屋呢?有,新颖的塑料建筑就是其中的一种。

今天,塑料对我们来说,是最熟悉不过的了。常见的水壶、牛奶瓶、杯子、台灯、书皮、文具盒、食品袋……它们都是塑料制成的。塑料最大的特点是具有可塑性和可调性。所谓可塑性,就是用简单的成型工艺可以制造出大量形状复杂的制品;可调性就是指在生产过程中,可以通过改变工艺、变换配方等方法来调节塑料的各项性能,以满足不同的需要。

塑料还有许多优点,它的重量轻,与金属相比,它大约是铝的1/2、钢铁的1/5。像海绵一样的泡沫塑料,比重只有水的1/50。此外,塑料还不导电、不受酸和碱的侵蚀、不易传热,可以做成各种形状、不同颜色的制品。

正因为塑料具有这许多可贵的特性,所以它作为建筑材料正崭露头角。目前,全世界建筑工业使用塑料的数量几乎占世界塑料总产量的1/4,在应用塑料的各个工业部门中居首位。塑料已与水泥、钢材、木材一起被列为四大建筑材料。

塑料在建筑上可代替木材和金属。例如,1万平方米塑料地板可代替250立方米木材;1万平方米塑料窗可代替1000立方米原木;用塑料做15万件窗户的零件可代替100吨有色金属。

用玻璃钢(玻璃纤维增强塑料)建造的房屋,既坚固美观、又隔音绝热,而且不需要打地基。用它建成的三层楼房,总重量不过15吨,而砖瓦结构的同样楼房,重量约为80吨。用一种叫极化玻璃钢材料建筑的房屋,从室内向外看,透明无阻;从室外向内看,却不透明。

泡沫塑料也是建造房屋的好材料,从屋面、墙壁到门窗、地板,都可以用它装配而成。一间这样的小屋,总重量不过十几公斤,这对于野外工作的人来说，搬家时甚至不必将房屋拆开，只要两个人就可以将房屋抬走了。由于泡沫塑料中含有许多导热性很小的空气，因此这种房子冬天不冷，夏天也不热。

为了在寒冷的地区预防寒流的袭击，用塑料建造大型建筑空间也正在试行。国外设计了一种跨度2000米、高240米，面积达3平方公里的塑料"大棚"空间。在这样一个大空间里，可以居住3万人。为了保持里面的空气新鲜，从300米的高空把新鲜空气输送到里面；里面还设有公园和人工湖泊。白天通过透明塑料来采光，夜晚用白天太阳能发电装置贮存的电能照明。

由于塑料可以胶合，也可以焊接，所以塑料建筑不必用一枚钉子，就能"天衣无缝"地把房子盖好。室内的家具也可以全部用塑料做成，既轻巧、灵便、又美观、耐用。

房屋的取暖设备也是多种多样的，可以用半导体二氧化锡薄膜来取暖，这种薄膜被涂在穿衣镜上当给它通电以后，它便辐射出温暖的热流。而镜子照样是透明的，不妨碍主人的梳妆。也可以在墙上贴上美丽的半导体取暖纸，这种纸由两层绝缘纸和一层导电纸做成，通电以后，整个墙壁就成为一个辐射取暖器了。当然，还可以在案头装一台像收音机那样大小的半导体取暖、制冷机，只要改变通过它的电流方向，就可以使它在冬天取暖、夏天制冷，保证室内"四季如春"。这就更是妙不可言了。

充气建筑

大家小时候，一定玩过肥皂泡的游戏吧？大家或许没有想到，小小的肥皂泡竟使那么有心的建筑师从中得到了启发：要是能把肥皂泡做成屋顶，那该多好！于是建筑师设想，如果使它们改成气球一类的材料，那么它们既有肥皂泡的轻盈，又有一定的牢度，倒是很有希望作为屋顶材料的。

1968年，法国巴黎的一次展览会，建筑师就大胆地建造了一座充气建筑，它用高强度的塑料薄膜，先做成农村冬天种植作物的塑料大棚的模样,然后往里面充入空气,使里面的气压稍高出外边大气压一点点,整个塑料膜就鼓起来了。这种既新颖又古怪的房子,吸引了众多观众,轰动了整个展览会。之后不久,世界上许多国家的建筑师都开始纷纷仿效。

充气建筑的发展更加迅速了,它只需几个小时就能够"吹"出一座房子来。充气建筑建造之快,没有哪一种建筑形式能与它相比较的。

除了这种内部充气的结构之外,人们还研究出一种称为构架式充气建筑的。所谓构架式充气建筑,就是指屋内不必充气,而是让屋内的梁、柱、拱架之类,像自行车轮胎那样充气做成。不用砖石、木头或钢铁和钢筋混凝土做梁、柱。这个梁、柱,一旦充气,就具有很好的刚性,十分坚固。最后,在由充气的梁、柱架筑起来的"骨架"上,铺盖上塑料布、玻璃纤维布之类薄膜材料,用绳索锚固在地上,就成为一种充气建筑了。它的优点是不必使整座建筑内部充气,因而可以减少不断补充气体和防漏的设备的费用。缺点是建造起来不及内部充气的简便快捷。

充气建筑已普遍在仓库、临时住宅、野外工作人员住房等方面得到使用。并且,在水坝建设上,充气结构还带来了新的形式——充气水坝。这种水坝,其实是个巨大的橡皮袋,它长长地横在水库出口,一旦让袋中充满气,它就像一堵坚固的坝体,把水流堵住。如果水库要放些水,只要让袋中气体放掉一部分就行,使用十分简便。

建筑师预言,充气建筑将来必会广泛应用于厂房、仓库、暖房、游泳池、体育场、电影院、剧院……成为"万能"的结构。因为它的跨度可以做得很大很大,不仅可以覆盖岛屿、城市,甚至可以用来覆盖面积更大的沙漠、冰原。所以,它对于人类改造自然、气候,将是最有效的形式。

节能建筑

电与现代化建筑有着不可分割的关系,一座建筑物里没有电,居住者的生活和工作将极不方便。但另一方面,随着城市人口的急剧增长,一幢幢高楼大厦的能源消耗也在不断扩大,并影响到周围环境。这种状况如何才能得到避免呢？世界环保组织指出：发展"节能建筑"应成为一个国家制订能源总政策的重要组成部分。

展览会上的节能建筑

20世纪90年代以后，绝大多数的发达国家把发展"节能建筑"与推广"智能建筑"结合了起来，以便通过"智能建筑"来达到节能的目的。随着电脑及自动化控制技术的逐步完善，我们已经完全有条件对建筑物的节能进行综合管理并获取最佳效果了；各种节能手段，诸如太阳能、风能、生物能源的推广，以及节能灯的广泛普及，使"节能建筑"已成为可能；大量节能建材进入市场，使城市建筑物的设计出现了根本性的变革。据世界环保组织的调查，发达国家发展"节能建筑"的成绩很好，在已经推广"节能建筑"的城市中，就建筑物本身来说，单位建筑面积耗能下降了25%～35%，有的甚至达到40%以上；就整个城市而言，美国拥有"节能建筑"的城市，能耗普遍下降了3%～6%，这就意味着该城市每年可以节省能源开支数亿美元！

发展"节能建筑"同革新城市建筑设计风格和强化环保意识正在融为一体，这是当今许多国家在节能与环保方面的特色。专家们认为，这种结合可以带来事半功倍的经济效益，远比采用局部措施要强得多。在能源匮乏的日本，从20世纪80年代初开始，实行规模化发展"节能建筑"，在政府各部门的通力合作下，制订综合方案，合理投资，突出重点，结果，日本城市的"节能建筑"面积以年均25%的高速度发展。在此期间，日本的城市能耗总体降低6.6%，如再从环境方面考虑，发展"节能建筑"的经济效益还将高得多。

在我国，"节能建筑"也正成为城市建筑的一大主流。并且已经明确了外墙、屋顶、窗户的传热系数要求，为以后"节能建筑"大规模的建设积累了经验。

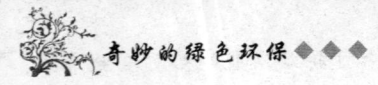

绿色革命进程的里程碑

人类对自然界的主动关心可追溯到19世纪上半叶浪漫主义运动的文学家、艺术家们对雄奇秀美的自然景观的赞美。19世纪下半叶，自然保护主义行动者成立了一系列的自然保护组织，为20世纪世界范围内的环境保护运动发展奠定了人文、伦理和一定科学意义上的根基。

伴随二战后连续15年的经济繁荣的，却是人们精神的失落。基于物质富足的精神需求和精神视野向社会的各个领域延伸，人们开始思考"富足社会"是怎么成功的以及人们为它付出了怎样的交换代价。尽管到处都是被称为"人工合成革命"——塑料、纤维、化学品、杀虫剂、清洁剂、核能等的胜利之果，尽管到处都是车辆、发展、城市、高增长，但这并没带来所期望的和谐而宁静的舒适。不但大量贫穷的人没有尝到"人工合成文明"的甜头，那些已经尝到的人仍有一种危机感：社会结构的破败和现代流行病（酗酒、吸毒、自杀、暴力、异化）的日趋严重，更糟糕的是所有物质上的满足都是以城市拥挤、郊区无计划蔓延、污染和烟雾、水坝截流和核泄漏为代价获得的（所有这一切在电视上都被展现得触目惊心）。

在酝酿着不满、分裂和混乱的另一方面，物质的富足也产生了日渐增多的受过良好教育的知识阶层。他们聚居在郊区为了寻找绿树、鸟鸣、蓝天和夜晚的星星，他们更关注生活质量而不是消费标准，前者包括休闲时间、户外娱乐、清洁空气、安全饮用水、个人安全和健康适宜的环境；他们更关注人的权利，更强调自然的享受，而这些都不是单纯的物质所能提供的。人们在寻求人与自然的交融。

环保运动总览

1962年夏,蕾切尔·卡逊通过《寂静的春天》向世界发出了警告:当人类迈步走向其所宣扬的征服自然的目标时,他已留下了致命的破坏,不仅仅直接对他所栖居的地球,还对与其共生于地球的生命……问题是任何一个无休止地对生命开战的文明能不毁灭自己吗?甚至它还有被称作文明的权利吗?

在《寂静的春天》的感召下,世界环境保护运动在20世纪60年代蓬勃开展。越来越多的公众以越来越广泛的行动参与越来越扩展的"绿色运动"中。开始是零散的加入环境组织,接着就是一浪一浪地涌入,恰如"国家生命联合会"环境组织所称:"我们只是坐在这里,突然,他们敲门来了。"

虽然刚开始时公众关于工业技术对人体健康和安全的威胁还只是模糊的意识。但是,核实验基地的放射性和核反应堆的核泄漏激起了公众的恐惧,蕾切尔·卡逊揭露了50余种"神奇化学物质"不可预测的潜在危害;纽约发生致人死命的"光化学烟雾";一艘油轮在英吉利海峡泄漏11.7万吨原油;圣巴巴拉海岸线石油污染……公众坐不住了,他们用笔、用嘴、用脚来表达愤怒、恐惧和呼吁。

主流媒介也最终觉悟,诸如生态、环境污染、生态破坏等字样已成为各报刊的大标题栏目;环境成本、多样性、可耗竭资源、光化学烟雾等已变成普通的流行词汇;生态概念和环境意识已成为人们生活中的重要事情。

20世纪60年代末环境保护组织的成员数目惊人地空前增长。二战后出生的一代扛上了环境保护的绿色大旗,在所有合力的推动下终于掀起了运动的最高峰。1970年4月22日的大游行,后又称为"地球日大行动",为蓬勃迅变的60年代划了圆满的惊叹号,也为后续环境保护运动开辟了更广阔的舞台。

在"地球日游行"的同期,世界环境保护运动组织在《东京宣言》中请求"把每个人享有的健康和福利等要素不受侵害的环境权利和当代人传

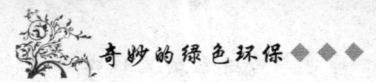

地球日大游行

给后代人的遗产应是一种富有自然美的环境资源权利,作为一种基本人权,在法律体系中确定下来"。这是人与环境关系发展史上的一座里程碑。

随着20世纪70年代来临,环境保护运动进入了生态时代,《增长的极限》《只有一个地球》为人类传统发展模式"牧童经济"敲响了警钟。地球在茫茫星海中只是一艘宇宙飞船,其空间容量、环境承载力都是有限的,我们不能采取如牧童在广阔无垠的草地上打一枪换个地方式的粗放式环境破坏型经济发展模式,而应采用集约型、生态循环型的"宇宙飞船经济"。

20世纪90年代被称为全球环境年代:温室效应、臭氧层耗损、酸雨、生物多样性灭绝、海洋污染、荒漠化……已成为世界各国政府议论的重要问题。全球环境的恶化已威胁到人类生存,"救救地球、救救人类"的呼声在世界范围内回应,公众自觉组织了"绿色和平组织"等众多非政府组织。绿党也进入议会成为以保护环境为宗旨的政治实体。1992年在巴西里约热内卢召开的全球环境与发展首脑会议,183个国家或地区的首脑抛弃种族、意识形态、文化等偏见,共同通过了全球环境保护行动的另一里程碑《里约宣言》。其间,划时代的成就——《21世纪议程》——制定了人类共同的未来道路:走环境、社会、经济相互协调的可持续发展之路。现在,全新意义上的绿色运动兴起:环境标志、生态包装、产品生命周期管理、清洁生产、环境审计、环境政策一体化、绿色壁垒、环境税、环境建设、环境贸易、环境外交、ISO 14000……从宏观的理论决策、中观的全过程管理到微观的清洁生产，现代环境保护运动也登上了更高、更广、更深刻的全球可持续的生产和消费方式的选择。

国际环境保护运动简介

在全球范围内，环境保护已经历了近半个世纪的发展历程，在这期间，一直贯穿着民间环境保护运动和政府环境保护运动两条主线——即非政府行为的环境保护运动和有政府行为的环境保护运动。

非政府行为的环境保护运动

非政府行为的环境保护运动主要由各类民间环境保护组织所推动。全球民间环境保护组织遍及全球，多达几十个。其中有较大影响的组织主要有英国的绿色和平组织、美国环保基金协会、澳大利亚的"清洁世界"组织等。

绿色和平组织

绿色和平组织是民间环境保护组织的代表。1971年，一群反核人士聚集在美国阿拉斯加州的阿姆奇特卡，对美国进行核试验表示抗议，美国政府被迫停止了这项核试验。这一行动成为引发绿色和平组织成立的前奏曲。

该组织成立于1971年9月，由加拿大一位工程师发起，共有12名青年参加，提出了反对污染地球环境的总方针。总部设在伦敦。该组织成立之初并不完全被人们所理解，甚至被斥为行为古怪的嬉皮士。如今，绿色和平组织已拥有

国际绿色和平组织的宣传画

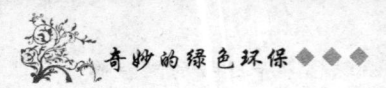

500多万名成员，遍布美国、加拿大、德国等几十个国家和地区，并且在中国香港设立了分部，成为世界上最大的民间环境保护组织。现在，世界各国对绿色和平组织所谋求的崇高目标都作出了高度评价。

美国环境保护基金协会

该组织成立于1967年，最初只有10个人。他们主张每个人必须为环境保护付出具体行动，而不能仅仅停留在议论的层面。现在该组织已拥有30万名成员，150多个全职人员，其中一半是科学家、律师、经济学家等专职人员。

美国环境保护基金协会从反对使用DDT农药开始自己的环境保护运动，最终促使美国从1972年起全国禁止使用DDT农药，是全球范围内第一个以政府行为采取措施控制农药污染的国家。该组织早期主要运用法律手段促进立法和督促地方政府执行法律，否则诉讼到法庭。后来他们改变了策略，认识到真正有效的环境保护不能只是采取强制性措施进行禁止，还必须学习与企业合作，建立伙伴关系，与他们一起探讨可以怎样做。该组织与麦当劳的成功合作就是经典的例子：他们要求麦当劳公司改革塑料包装盒为可降解的纸包装。这一改革既有利于企业，也有利于环境保护。

"清洁世界"组织

"清洁世界"组织于1989年诞生于澳大利亚悉尼市。该组织的目标有3个：一是强调公众是环境保护运动的主体和希望，组织和动员公众参与当地的环境保护活动；二是加强世界各地该组织的环境实践经验交流；三是通过媒介对清洁活动进行广泛宣传，提高政府、企业和社团的环境意识。

有政府行为的环境保护运动

非政府行为的环境保护运动和全球范围内环境问题的发展，促进了国际间环境保护运动在更高层次上和在更大范围内的联合与统一，使得环境保护运动由民间自发的非政府行为向有意识的国际与国家政府行为转变成为可能。

联合国人类环境会议

具有国际意义的环境保护事件是 1972 年 6 月 5~16 日在瑞典首都斯德哥尔摩召开的联合国人类环境会议。这是世界各国政府共同讨论当代环境问题，探讨全球环境保护战略的第一次国际会议。

这次会议是人类环境保护史上的第一个里程碑，为人类敲响了警钟，唤起了全世界人民、各国政府首脑的警觉，使他们开始意识到必须迅速行动起来，在世界范围内采取一致的行动保护人类赖以生存的地球，开启了人类有政府行为的环境保护运动新纪元。

内罗毕会议

为纪念人类环境会议 10 周年，1982 年 5 月 10~18 日，联合国环境规划署在肯尼亚首都内罗毕召开了环境特别会议。参加会议的有 105 个国家和 149 个国际组织的代表 3000 多人。在内罗毕会议期间，与会代表们总结了斯德哥尔摩人类环境会议以来的工作，并针对出现的新问题，规划了以后 10 年的工作，会后发表了著名的《内罗毕宣言》，针对世界环境出现的新问题，提出了一些各国应共同遵守的新原则。

环境特别会议是人类环境保护史上第二个重要里程碑。如果说，从 1972 年的联合国人类环境会议到内罗毕会议的 10 年是世界环境保护事业繁荣发展的时期，那么，从 1982 年内罗毕会议到 1992 年联合国环境与发展大会的 10 年间，世界环境保护事业则又向成熟期迈进了一步。

联合国环境与发展会议

1992 年 6 月 3~14 日，联合国在巴西首都里约热内卢召开了联合国环境与发展会议。183 个国家的政府代表团和联合国及其下属机构等 70 多个国际组织的代表出席了会议，102 个国家元首或政府首脑亲自与会。这次会议是 1972 年联合国人类环境会议之后举行的讨论世界环境与发展问题的筹备时间最长、规模最大、级别最高的一次国际会议，也是人类环境与发展史上影响最深远的一次盛会。

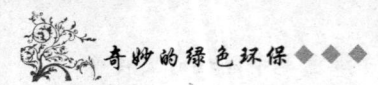

在这样的背景下，基于国家不论大小、强弱、贫富，都应有平等发展的机会，都对环境保护负有义不容辞的责任和义务，都要处理好环境与发展关系的前提，联合国适时召开了这次环境与发展大会。

这次会议的主要成果是签署了 5 个国际公约，它们是：

《生物多样性公约》——主要内容是保护世界范围内濒临灭绝的动植物。公约规定签字国要将本国境内的野生生物列入财产目录并制定保护濒危物种的计划。

《气候变化框架公约》——主要内容是控制二氧化碳、甲烷和其他温室气体的过量排放，公约督促各国控制温室气体的排放；建立机构执行对发展中国家的经济援助和技术转让，帮助它们最大限度地减少温室气体的排放。

《里约宣言》（又称"地球宪章"）——这份宣言提出了 27 项制定环境政策的原则。宣言明确指出：各国有责任保证在本国境内的所有活动不破坏他国环境；环境保护要成为"发展进程"的组成部分；应当首先满足发展中国家，尤其是贫穷和环境极差国家的需要。

《21 世纪议程》——旨在既促进发展又保护环境的行动计划。

《森林公约》——公约指出森林的持续性管理对经济、生态、社会和文化具有重要意义，并规定各国应对经济影响进行正确估价和建立安全使用森林的秩序，制定具有法律约束力的条约。

这次大会共识的核心是：人类要以公平的原则，通过全球伙伴关系促进全球的可持续发展，以解决全球生态环境的危机。其历史功绩在于让世界各国接受了可持续发展战略方针，并在发展中开始付诸实施。

环境与发展会议是人类环境保护史上第三个重要里程碑，它统一了全球关于环境与发展的认识，回答了长期以来人们争论的环境与发展的关系问题，提出了可持续发展的概念并把可持续发展作为世界各国的发展战略确定下来，同时以国际公约的形式拓宽了环境保护国际合作的范围和领域。

可持续发展世界首脑会议

联合国于 2002 年 8 月 26 日至 9 月 4 日在南非约翰内斯堡召开了可持续

发展世界首脑会议。这次会议规模较小，因为是首脑会议，参会人数几百人，各国家也没有派代表团参加。这次会议对20世纪人类的环境与发展问题，特别是1992年里约会议以来的情况进行了回顾与总结，在坚持里约会议形成的基本原则和总体框架基础上，更加明确地规定了各国在推进全球和区域可持续发展、履行国际公约方面应承担的责任与义务以及应采取的具体对策和措施。

可持续发展世界首脑会议是环境与发展会议的延伸和继续。也是人类环境保护史上又一次重要的会议，是人类环境保护史发展进程中的第四个里程碑，它开启了人类21世纪发展的新纪元。

全球环境保护的发展历程

由于世界各国工业发展的历史和水平不同，决定了各国环境保护的起点和水平不同。因此，我们无法按照传统的划分方法从时间顺序上对全球的环境变化历程进行划分。目前，最为科学的划分方法是从环境保护的技术角度来认识全球环境保护的发展历程。

按照环境保护技术划分为三个阶段。

在污染治理之前，各个国家普遍存在着一个污染排放阶段，这一阶段不属于环境保护的发展历程。在这个阶段，环境管理的概念比较模糊，人类社会并没有真正认识到其各项活动对环境的影响。但随着污染排放的增加，局部环境污染问题变得越来越突出，由于社会压力和环境污染造成的局部损失，污染者不得不开始约束自己的排污行为。这时，环境管理进入以强化污染治理为核心的阶段。

污染治理阶段

这是世界各国包括工业发达国家在内开展环境保护都先后经历的第一个过程，这个过程的产生有其客观必然性。一方面是由于环境污染问题引发了环境保护，有了环境污染才开始注重考虑污染治理问题；另一方面是由于当时人们的认识水平局限性，把环境问题仅仅理解为环境污染问题，对环境问题的关注自然停留在污染治理的层面上，将污染治理内容等同于环境保护的全部内容；第三方面是由于当时的环境保护技术还处于污染末端治理的初级阶段，人们对于环境保护的规律以及对环境问题的认识还很肤浅。因此，污染治理就成为世界各国环境保护的首选过程，对于中国而言也不例外。

这个阶段的另一个特征是环境保护法律、法规开始使用并不断健全，社会和污染者的环境意识开始得到提高。但这个阶段，环境保护对污染者而言，是生产的一个负担，治理环境需要大量的投资，而治理的直接回报很小。

可以说，目前发展中国家的环境保护水平基本上仍处于这一阶段。

综合利用阶段

工业发达国家在经历了不同时期的污染治理阶段以后，人们开始认识到，环境问题的产生与资源的利用密切相关，仅仅依靠污染治理来解决环境问题是不够的，提高资源利用率是解决环境问题的重要途径。于是，由发达国家开始，在污染治理的基础上，通过改进生产技术，提高资源利用率来减少污染物的排放、降低成本、增加效益。同时，当时的废物资源化技术发展较快，而且通过废物资源化技术不但可以减少污染，而且可以产生看得见的经济效益。至此，在20世纪的70年代后期至90年代初，发达工业国家率先进入了环境保护的第二阶段，即综合利用阶段。

在这一阶段，主要是资源回收技术和环境工程技术并重。综合利用主要是围绕工业固体废弃物再生利用和废水循环利用而展开的，通过综合利用，促进了环境工程技术的发展和生产技术的改进。这一过程的界线并不十分明显，大约经历了一二十年的时间。

污染治理阶段和综合利用阶段有一个共同的特征，即默认了污染物的排放，等出现了环境问题以后再去寻找解决问题的方案和对策。实质上是走了一条"先污染、后治理"以末端控制为主的环境保护道路。

清洁生产阶段

这是全球环境污染防治所经历的最高阶段，这一阶段的出现是人类关于环境保护规律认识趋于成熟的标志，是人类环境保护实践不断深化的结果，也是人类经济不断发展与科技不断进步的象征。

到了20世纪80年代初期，工业发达国家开始调整污染防治对策，从改变传统的生产技术、生产工艺、企业管理水平入手，实行生产的全过程污染控制。到了20世纪80年代末期，发达的工业国家在环境污染防治方面先后进入清洁生产阶段，并将这一对策作为本国污染防治的主要对策从法律上加以确定。这个时期的清洁生产技术有了很快发展，同时，清洁生产的管理水平也有了很大提高。

清洁生产强调清洁的能源、清洁的生产过程、清洁的产品或服务3个方面，可概括为：采用清洁的能源和原材料，通过清洁的生产过程，生产出清洁的产品或提供更清洁的服务。其中，清洁的生产过程和清洁的产品是清洁生产的主要目标。就是说，清洁生产概括了产品从生产到消费的全过程为减少环境风险所应采取的具体措施，要求环境工程的范畴已不再局限于末端治理，而是贯穿于整个生产和消费过程各个环节。

清洁生产是可持续的环境战略的重要组成部分，是可持续战略思想在环境保护领域中的具体应用和体现，是微观层次上的可持续的污染防治战略。然而，我们不能把清洁生产等同于可持续的环境战略。这是因为清洁生产是在现有的生产模式和消费模式下针对生产领域的一种最佳技术管理，所追求的是局部资源的持续利用，并不能解决一个地区、一个国家乃至全球有限资源的可持续利用问题。如农药污染、生活废水污染等问题是无法通过清洁生产加以解决的。人类要想从根本上解决环境问题，不仅要从技术领域进行全过程污染控制，而且要从政策领域、从改变传统的发展模式和消费模式入手，走可持续发展的道路。正因为如此，从20世纪90年代以后，世界各国选择了可持续发展的环境战略，全球环境保护进入了可持续发展阶段。

可持续发展是环境管理追求的最高境界，这不仅要求生产活动少消耗、不排污，而且要求生产活动要体现代内和代际公平的问题，要实现生产活动不能给其他地方或后代人造成环境问题。

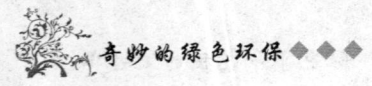

全球环境保护运动浪潮

当今世界，环境问题引起国际社会的广泛关注，在全球范围内兴起了日益高涨的保护人类生存环境的运动。

罗马俱乐部——非政府间的国际组织

1968年4月，美国、日本、德国、意大利、瑞士等10多个国家的30多位科学家在意大利首都罗马的林赛科学院召开研究人类当前和未来的困境——生存问题的首次国际性讨论会。会后成立了一个非政府之间的国际组织——"罗马俱乐部"。这家俱乐部陆续发表了一些对世界舆论产生广泛影响的研究报告。目前，参加"罗马俱乐部"的已有来自40多个国家的100多名代表。

人与生物圈计划——生态环境的综合性研究

1970年，联合国教科文组织制定并开始实施人与生物圈计划。这是一项对生态环境进行综合性研究、监测及培训科研和管理人员的国际性计划。其目的是为生物圈资源的合理利用和保护提供科学依据，预测由于人类活动而引起的生物圈状况的改变以及这种变化对人类的影响。此外，还提出了应进行何种教育等方面的问题。

人类环境宣言——只有一个地球

1972年6月5日，在瑞典首都斯德哥尔摩召开了联合国人类环境会议。会议通过了《联合国人类环境会议宣言》（简称《人类环境宣言》），它成为全球环境保护运动的里程碑。斯德哥尔摩会议的主要功绩在于唤醒了世人的环境意识，使各国政府和人民为维护和改善人类环境、造福全体人民、造福后代而共同努力。

同年，第27届联合国大会接受并通过将联合国人类环境会议开幕日——6月5日定为"世界环境日"。

◆◆◆绿色革命进程的里程碑

保护环境的宣传画

作为会议的背景材料,受联合国人类环境会议秘书长委托,在58个国家152位成员组成的顾问委员会的协助下,巴巴拉·沃德和雷内·杜博斯编写了具有深远影响的文章《只有一个地球》。

东京宣言

1987年2月,世界环境与发展委员会会议在日本召开,会上通过了《我们共同的未来》报告,并发表了《东京宣言》。这份报告是受联合国38届大会委托,在委员会主席、挪威首相布伦特兰夫人的领导下,集中世界最优秀的环境、发展等方面的著名专家学者,用了两年半的时间,到世界各地实地考察后完成的。报告系统地研究了人类面临的重大经济、社会和

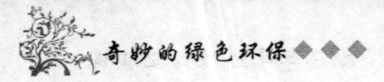

环境问题，提出了一系列政策目标和行动建议。

北京宣言

1991年6月18日，在北京举行了发展中国家环境与发展部长级会议。会议深入探讨了国际社会在确立环境保护经济发展合作准则方面所面临的挑战，特别是对发展中国家的影响，并通过了《北京宣言》。《北京宣言》指出，当代"严重而且普遍的环境问题包括空气污染、气候变化、臭氧层耗损、淡水资源枯竭，河流、湖泊及海洋和海岸环境污染，水土流失、土地退化、荒漠化、森林破坏、生物多样性锐减、酸沉降、有毒物品扩散和管理不当、有毒有害物品和废弃物非法贩运、城区不断扩展、城乡地区生活和工作条件恶化特别是卫生条件不良造成的疾病蔓延，以及其他类似问题"。

里约热内卢宣言

1992年6月3日在巴西里约热内卢举行了联合国环境与发展会议，180多个国家出席了会议。

联合国环境与发展会议通过和签署了5个文件：《关于环境与发展的里约热内卢宣言》《21世纪议程》《关于森林问题的原则声明》《联合国气候变化框架公约》《联合国生物多样性公约》。

从《斯德哥尔摩人类环境宣言》到《里约热内卢宣言》，经过了20年的实践和探索，人们逐渐扩展了对环境问题的认识范围和深度，把环境问题与社会经济发展问题联系起来，这就是可持续发展的理论。

ISO 14000 环境管理系列——绿色革命

1972年，斯德哥尔摩人类环境会议之后，具有卓识远见的经济学家和企业家开始意识到环境问题将反过来影响经济，并预感到21世纪的工业生产必将产生一场以保护环境、节约资源为核心的革命。这就是目前已经破土出苗的"绿色革命"。

在一些先行国家的企业中已经开始实施"绿色设计""清洁生产""绿

色设计""绿色产品";有一些国家的政府和消费者团体已经向人民群众大力宣传和号召购买绿色产品。

环境管理系列还实施环境标志制度。早在1978年,德国(原西德)就首先使用了环境标志,之后加拿大、日本、美国于1988年,丹麦、芬兰、冰岛、挪威、瑞典于1989年,法国、欧洲联盟于1991年也都实施了环境标志。中国于1993年8月正式颁布了环境标志。可以说,环境标志在世界上兴起了一场保护环境的绿色浪潮。

中国环境标志

女性参与环境保护

1992年召开的环境与发展大会通过的纲领性文件《里约宣言》指出:"女性在环境管理和发展方面具有重大作用。因此,她们的充分参加对实现持久发展至关重要。"

1995年,第四次世界妇女大会秘书长格特鲁德·蒙盖拉在接受《我们的行星》杂志记者采访时指出,国际社会必须充分认识到,如果不发挥占世界人口近一半的妇女的潜力,人类的任何目标都难以实现。人类社会的发展离不开妇女,"人类的发展必须被赋予权能。如果发展意味着要对全体社会成员扩大机会,那么妇女长期被排除在这些机会之外,将会整个地扭曲发展的过程"(引自1995年人类发展报告)。第三次世界妇女大会通过的《内罗毕战略》指出:妇女参与发展就是要切实保证妇女和男子一样,都能平等地参与国家经济、社会发展规划的制定和执行计划的各种活动。

环境的污染,女性首先深受其害。畸胎自母体而出;沙漠吞噬了家园,母亲更渴望绿色。20世纪60年代,当整个世界陶醉在工业文明的巨大成就之中时,是一位女性——卡逊最早注意到农药和化学品对环境的伤害,写

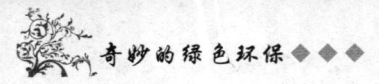

下了《寂静的春天》一书，唤醒了人们的环境意识，而她自己却成为环境污染的受害者，患乳腺癌而过早地离世。

1972 年，第一次人类环境大会在瑞典首都斯得哥尔摩召开，多位学者撰写的报告《只有一个地球》成为这次大会的理论准备和精神纲领，而这份报告的一位主要作者也是女性——英国经济学家巴巴拉·沃德。她以经济学家的敏锐和女性的热忱，传播着这样一个被人遗忘太久的常识——人类只有一个地球。

19 年后，又是一位女性——挪威首相布伦特兰夫人，领导世界环境与发展委员会写下了具有世纪性影响的报告《我们共同的未来》，她以政治家的远见关注着人类的未来。

1987 年，拥有 800 万之众的世界女童子军在世界范围举办了环境无害化活动。当年，世界女童子军联合会获得了"全球 500 佳"的光荣称号。

占世界人口 1/10 的中国女性，对保护地球环境和人类未来肩负着重要的责任，她们是实施可持续发展的一支生力军。

挪威前首相布伦特兰夫人

1994 年，"六五"世界环境日之际，"首届中国妇女与环境会议"在北京召开，发表了《中国妇女环境宣言》。该《宣言》指出"中国妇女有理由关注，也有义务推进中国从传统模式向可持续发展模式的转变"。

1995 年，为迎接联合国妇女大会，中国环境科学学会曾于 2 月间在北京大学环境科学中心，组织召开了《女性与环境》研讨会。其中一个重要议题就是如何发挥女性在保护环境中的作用。女性健康与环境有着特殊的联系，女性在教育子女、提高家庭成员环境意识、选择合理的消费方式等方面更是具有重要作用。在加强立法保护女性权益的同时，应发动和组织女性积极参与各个层次的环境保护工作，采取措施加强对女性的环境教育，提高其参与能力,创造条件使女性在环境保护运动中充当主力军,作出更大的贡献。

风起云涌的校园环境保护

青年几乎占世界人口的 30%。青年是世界的未来,我们青年共同的未来不但需要政治上所创造的安定、团结的社会环境,同时也需要一个安宁和谐的自然环境。青年的广泛参与是可持续发展战略得以贯彻和延续的重要保证。

世界各国都在采取积极的行动,促进青少年参与可持续发展。

1992 年,世界环境与发展首脑会议通过的《里约宣言》告诉我们:"应调动世界青年的创造性、理想和勇气,培养全球伙伴精神,以期实现持久发展和保证人人有一个更好的将来。"

世界环境保护事业离不开亿万中国青年的积极参与。中国是一个环境大国,环境保护是一项基本国策,广大青年已成为这项国策的响应者和实践者。

1994 年 4 月 22 日,美国时任副总统戈尔于"地球日"发起了一项《有益于环境的全球学习与观测计划》,邀请各国青少年参加。该计划主要是动员各国青少年和儿童通过观察和收集当地的环境数据,通过电脑处理后进行交换,从而更加清楚地认识全球环境现状以及所面临的环境危机。中国也加入了这一计划。

中国环境保护的发展历程

中国作为一个发展中国家,环境保护起步较晚,仅仅有 30 年的发展历程。从时间上划分,大致可以分为 3 个阶段:起步阶段、探索阶段和发展阶段。

起步阶段（1973~1983 年）

1972 年联合国在瑞典首都斯德哥尔摩召开的第一次人类环境会议揭开

了中国环境保护的序幕。1973年8月，国务院召开了第一次全国环境保护会议，审议通过了"全面规划、合理布局、综合利用、化害为利、依靠群众、大家动手、保护环境、造福人民"的环境保护工作32字方针和第一个环境保护文件《关于保护和改善环境的若干规定》。1974年10月，国务院成立了环境保护领导小组。之后，各省、自治区、直辖市相继建立环境保护机构和环境科研、监测机构。1977年4月，国家计委、建委和国务院环境保护领导小组联合下发了第一个环境文件——《关于治理工业"三废"开展综合利用的规定》，标志着中国以"三废"治理和综合利用为主要内容的污染防治工作进入全面实施阶段。在此期间，在全国范围内开展了重点污染调查，对重点城市、河流、港口、工矿企业、事业单位的"三废"污染实行限期治理。

1978年2月，五届人大一次会议通过的《中华人民共和国宪法》规定"国家保护环境和自然资源，防止污染和其它公害。"这是新中国历史上第一次在宪法中对环境保护做出明确规定，为国家环境法制建设和环境保护事业奠定了基础。1979年9月，五届人大十一次会议通过了试行的《中华人民共和国环境保护法》，中国有了第一部关于环保的法律，从此中国环境保护开始走上法制建设的轨道。1981年4月，国务院作出了《关于在国民经济调整时期加强环境保护工作的决定》，要求在国民经济调整中，对新建工业企业，对原有工业和企业，对城市、自然资源和自然环境都要加强环境管理和监督，切实执行国家的有关政策和法规，努力改善环境质量。这个《决定》对于在恢复和发展国民经济中重视和加强环境保护工作起到了积极作用。此后，国家于1982年8月23日，五届人大二十三次会议通过了《中华人民共和国海洋环境保护法》，国务院于1983年12月，召开了全国第二次环境保护会议。

以上是对中国环境保护在1973～1983年期间的简单回顾。在这一期间，中国的环境保护工作可以概括如下：第一，初步实现了对环境问题认识的转变。20世纪60年代提出的"三废"处理和综合利用的概念被环境保护的概念所代替，逐步认识到环境污染问题不再是单纯的"三废"问题，而是一个影响和制约经济、社会发展的大问题。第二，初步实现了环境管理思想认识的转变。逐渐认识到解决环境问题仅仅依靠行政、教育手段是不行的，必须综合运用法律、经济、技术、行政和教育等管理手段和措施，建立环境保护的法律、法规和标准，走依法保护环境的道路。第三，建立了国家、省两级的环境管理机构和"老三项"环境管理制度，通过环境促进工业"三废"治理。第四，开展了以水污染治理为主要内容的重点污染源调查，解决了一些局部的重点污染问题。

处于起步阶段的中国环境保护，当时有许多理论上和实践中的问题都不清楚。比如，环境保护与经济建设和社会发展的关系是什么？如何处理这三者之间的关系？地方政府、环保部门、企业三者之间的环境责任是什么？中国的环境保护应当向何处去等问题。还有，怎样才能做好建设项目环境管理？如何才能有效地进行污染治理？污染预防与污染治理的关系怎样解决？如何发挥环境保护部门的职能？所有这些问题是很难在起步阶段找到正确答案的，需要在环境保护的不断发展过程中得到回答。

总之，这一时期的环境保护工作处于起步，不论是环境保护理论问题，还是环境管理实践问题，都处于探索阶段，但为后来的环境保护工作奠定了基础，并创造了有利条件。

探索阶段（1984~1996年）

1983年12月，国务院召开的第二次环境保护会议，标志着中国的环境保护工作进入了发展时期。这次会议取得了如下的成果：明确了环境保护是我国现代化建设中的一项战略任务，是一项基本国策，从而确立了环境保护在社会经济发展中的重要地位。制定了经济建设、城乡建设和环境建设同步规划、同步实施、同步发展，实现经济效益、环境效益和社会效益统一的"三同步、三统一"的新时期环境保护方针。与此同时，确立了"强化管理"的环境政策，与"预防为主"和"谁污染、谁治理"政策共同组成了指导中国环境保护实践的三项基本环境政策。要求加强和完善环境管理的机构建设、体制建设和制度化建设。

这一阶段以1989年第三次全国环保会议为标志分为两个时期：第一个时期是1984~1989年，这期间的环境保护工作主要是从理论上进行了突破

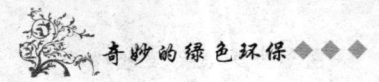

和创新,确立了一整套用以长期指导中国环境保护实践的环境管理方针、政策和制度。第二个时期是1990~1996年,中国的环境保护主要处于一个从理论到实践的过渡探索时期。这期间,中国面临两大问题的挑战,一是要适应国际潮流,实施本国的可持续发展战略;二是要加快中国的经济体制改革进程。在这种情况下,中国的环境保护如何适应可持续发展战略的需要,如何适应经济体制转变的需要,如何改变以往喊得多、做得少、光说不练,环境保护难以持续深入地被动局面等问题不仅需要从理论上做出解释,而且要从实践方面进行积极的探索并给出回答。可以说这一时期的探索与实践为以后环境保护的深入发展创造了有利条件。

在这一阶段,对中国环境保护事业产生重大影响的事件有:1984年5月,国务院做出《关于环境保护工作的决定》,并成立了国务院环境保护委员会,领导组织和协调全国环境保护工作。1985年10月,在洛阳召开了"全国城市环境保护工作会议",通过洛阳等城市的经验介绍,确定了城市环境综合整治工作的内容和做法。1988年国务院机构改革中设立国家环境保护局,并被确定为国务院直属机构,国家环境保护机构建设得到加强。1989年4月,国务院召开了第三次全国环境保护会议,提出了深化环境管理的环保目标责任制、城市环境综合整治定量考核制度、排放污染物许可证制度、污染限期治理和污染集中控制等新的管理制度和措施,使中国环境管理走上规范化、制度化的轨道。1992年6月,中国派代表团参加了联合国在巴西里约热内卢召开的环境与发展大会,8月,中国制定了《环境与发展十大对策》,明确提出了转变传统发展模式,走可持续发展道路的指导思想。随后又制定了《中国21世纪议程》和《中国环境保护行动计划》等纲领性文件,确立了国家可持续发展战略。1993年10月,国务院召开了第二次全国工业污染防治工作会议,总结了工业污染防治工作的经验教训,提出了推行清洁生产实施生产全过程控制的工业污染防治对策。

另外,在此期间,国家制定和修改了若干环境保护的法律、法规、环境标准、环境管理条例、规定和办法,出台了一系列关于环境保护的产业政策、行业政策、技术政策和经济、技术法规以及国际履约的有关对策和措施。

总之，这一时期的环境保护与起步阶段相比有了全新的内容，有了重大的发展。可以概括为如下几个方面：第一，确立了环境保护在国家经济、社会发展中的战略地位，从理论上解决了如何正确处理环境保护与经济建设和社会发展的关系问题，并从实践方面进行了深入探索。第二，明确了地方政府、企业和环保部门三者之间的环境责任，并将这些责任以法律的形式加以确定。即地方政府对区域（本辖区）环境质量负责，生产与开发单位对自己经济行为所造成的环境影响负责，环保行政主管部门行使统一监督管理职责。第三，环保机构建设得到加强，逐步建立了国家、省（自治区）、市、县四级独立的环境管理机构，部分地区还建立了包括乡镇环保派出机构在内的五级环保机构，为强化环境管理提供了组织保证。第四，环境法制建设进一步加强，环境管理制度体系不断完善。第五，实现了环境管理思想的转变。在这个时期，从政府到公众都逐步认识到中国的环境问题不再是单纯的环境污染，生态破坏问题已严重的影响和制约了区域经济、社会的发展。环境管理的任务不仅是"三废"治理，还包括噪声控制、"白色污染"治理、生态保护等内容。同时认识到，做好环境保护要加强宏观环境管理，重视宏观决策及规划研究，从转变发展模式入手开展环境保护是解决中国环境问题的关键。第六，污染防治工作取得了重大进展。在这一时期，国家在污染防治的指导思想上努力实行四个转变，即由末端治理向生产全过程控制转变，由浓度控制向浓度控制与总量控制相结合转变，由分散治理向分散与集中控制相结合转变，由区域污染治理向区域与行业污染治理相结合转变。20世纪70年代没有解决的重点环境问题在这一时期均得到了解决和有效的控制。

然而，由于经济的快速增长和历史遗留的大量环境问题，在这一时期，中国的环境保护仍面临着巨大的压力，在实践中还存在着许多亟待解决的问题。比如，现在的环境管理机制如何适应市场经济体制改革的需要？如何加强宏观决策以解决宏观环境管理的问题？在环境保护中如何贯彻国家的产业结构调整政策？环境保护与转变经济增长方式的结合点在哪里等等。这些问题在处于发展阶段的环境保护过程中没有得到解决。实际上，这些关系到国家环境保护事业发展的重大问题只有在环境保护向纵深发展的形势下才有可能得到解决。

发展阶段（1997～至今）

这是中国环境保护发展史上一个非常重要的时期。在这一时期内，中国的环境保护从管理战略、管理体制、管理思想和管理目标上都进行了重大的改革和调整，环境保护进入到实质性的阶段。

首先，在1996年7月，国务院召开了第四次全国环境保护会议，做出了《关于环境保护若干问题的决定》，明确了跨世纪的环境保护目标、任务和措施。启动了《污染物排放总量控制计划》和《跨世纪绿色工作规划》，实施三河、三湖、两区、一市和一海污染治理的"33211"计划，在全国范围内开展了大规模的重点城市、流域、区域、海域的污染防治及生态保护工程。这次会议确立了新时期的环境战略，将以污染防治为中心的战略转变为污染防治与生态保护并重的战略上来，使我国环境保护目标更加明确、任务更加具体、工作更加务实、思路更加清晰。至此，中国的环境保护工作进入了崭新的阶段。

被污染的河流

其次，1997～1999年，国家连续三年就人口、环境和资源问题召开座谈会，从可持续发展战略的高度提出了建立和完善环境与发展综合决策、增加环境保护投入、强化社会公众参与和监督以及环保部门统一监管和分工负责等管理机制。同时强调,要依法落实地方政府的环境责任,并要求各级地方政府党政一把手要"亲自抓、负总责",做到责任到位、投入到位、措施到位。依法保障环保部门的统一监管职能,在管理思路上要实行"抓大放小",即通过抓综合决策、抓宏观管理、抓产业结构调整来促进和带动微观环境管理工作。

再则,1998年国家机构改革中,环境保护地位得到了加强,环境管理的职能进一步明确,行政管理体制上实现由"块块管理"向"条块结合"管理体制的转变,环保部门的统一监管职能得到了加强,并使这种职能具有较大的相对独立性。

2002年1月8日,国务院召开了第五次全国环境保护会议,在总结"九五"期间环保工作经验的基础上,提出了今后5年中国环境保护的工作任务和目标。提出环境保护是政府的一项重要职能,要按照社会主义市场经济的要求,动员全社会的力量做好这项工作。

2006年4月17~18日,国务院召开了第六次全国环境保护会议,这次会议总结了"十五"期间我国的环境保护工作,并部署了今后5年的环保任务,要求各地要进一步提高对环境保护重要性和紧迫性的认识,把环境保护摆在更加重要的战略位置,把环境保护的责任落实到位,抓紧制定环境保护专项规划,进一步落实加强环境保护的工作措施,建立和完善有利于环境保护的体制机制,加大环境执法力度,提高环保工作水平,努力开创我国环保事业新局面。

总之,中国的环境保护经历了30多年的历程。一共召开了六次全国环境保护会议,其中第一次、第二次、第四次会议是3个重要的里程碑,分别标志着中国环境保护的3个阶段的开始,在各个不同的历史时期具有承上启下的作用。

当然,目前中国的环境保护工作压力巨大,形势仍然严峻,许多成果没有得到巩固和发展。

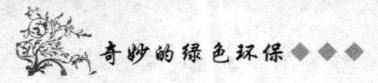

狭义的绿色革命

50年前的1968年,一些发展中国家、尤其是亚洲国家,正发起一场"农业革命"。那一年,印度种植高产小麦品种的面积由70万公顷扩大为600万公顷,种植高产水稻、高粱和小米的面积为100万公顷,各种粮食作物的总产量创纪录地超过9500万吨,进而可望在3~4年内实现自给自足。巴基斯坦种植高产小麦的面积从60万公顷扩大为大约350万公顷,产量创纪录地达到750万~800万吨,可望在1年内实现自给自足。菲律宾所种植的高产水稻品种虽然仅占水田面积14%,产量却依然创下历史纪录,有望当年实现自给自足。

那年3月8日,美国国务院国际开发署署长威廉·S·高德向国际开发协会发表演讲,认定农业领域的这些进展堪称"标志",预示一场"新兴革命",影响不亚于距1968年已有一个半世纪的那场"工业革命"。

高德解释说,他之所以把这场剧变称为"绿色革命",原因在于它不同于俄罗斯1917年10月爆发改变社会制度的"红色革命",也不同于伊朗国王穆罕默德·礼萨·巴列维1963年6月为推行社会改革而发起的"白色革命"。

促成"绿色革命"的要素,依照高德的判断,首先是高产种子,其次是化肥和农药等农用化学品,再就是灌溉和道路等基础设施以及农业信贷和农业扶持政策。而在一些农业专家看来,技术层面上,至少就亚洲国家种植的高产水稻而言,灌溉、化肥和种子构成三要素,对增加产量有着同等重要的贡献。

"绿色革命"进程中,全球人口增长大约40亿。假如没有这场革命,发展中国家极可能会面临更为严峻的饥荒和营养不良状况。

1950~1984年,"绿色革命"使然,水稻、玉米和小麦产量持续稳步提高,全球粮食总产量增加2.5倍。

1970年,博洛格获得诺贝尔和平奖。同一年,国际玉米和小麦改良中心和国际水稻研究所获得联合国教育、科学及文化组织科学奖。博洛格历

◆◆◆绿色革命进程的里程碑

美国农业科学家博洛格

年对小麦育种所作贡献或许以增产粮食的方式解救了数以十亿计发展中国家民众。因此,他获称"绿色革命之父"。

在印度,1961年邀请博洛格访问印度的农业部长斯瓦米纳坦如今是这一南亚国家最富有成就感的农学家,同样获称"绿色革命之父"。

印度农学家1968年报告,某一特定高产水稻品种与传统品种相比,产量可提高至原先的5~10倍。那年3月,"绿色革命"一词诞生,特指农业技术开发和推广以及配套农业基础设施建设大幅度促升粮食产量。从那年开始,"绿色革命"巩固效果,一段时期内既满足发展中国家人口增长所需,也避免了和平时期爆发大规模饥荒。那年至今,时光流逝40年,积累经验和教训。再次面临粮食危机之际,联合国粮食及农业组织召开全球粮食安全高级会议。

对40年前得名的那场"绿色革命",时任联合国秘书长潘基文称之为"第一次绿色革命"。之所以称之为"第一次绿色革命",是因为潘基文冀望国际合作,开发新一代农耕技术,发起"第二次绿色革命"。

在联合国可持续发展委员会部长级会议开幕式上,潘基文把"第二次绿色革命"界定为以可持续发展为目标,实现农业产量稳步提高,同时也实现

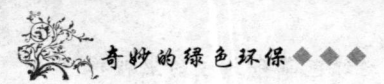

农业耕作对环境影响最小化。他认定:"时下(全球)粮食危机初现之际,我们迄今凭借与'第一次绿色革命'相关技术以及由此实现的农业生产改进,向持续增长中的人口提供食品,这方面所获成就的脆弱性已突出显现。"

所谓"脆弱性",表现为全球粮食市场上供应与需求之间出现缺口,粮食价格急剧攀升,一些国家呈现社会动荡,更多贫困民众陷入难以果腹境地。市场专家预测,粮价可能会高位震荡,随后趋稳,但短期内无法回落。先前那场"绿色革命"所援用的技术和手段,似乎不足以化解现有危机。

对全球农业状况、尤其是发展中国家现状,潘基文的判断强化了联合国机构一些官员先前发表的言论:"继1/4世纪相对忽视之后,农业正重新成为一个国际议题。悲哀之处在于,这带有(对忽视农业的)报复性质。"

在潘基文看来,联合国粮食问题特别工作组所承接的课题,短期而言是如何满足当前全球粮食需求,中期和长期而言则是如何为应对全球人口持续增长而进一步提高粮食产量。

"第二次绿色革命",是联合国机构的呼吁,也是不少农业研究人员和媒体从业人员的共识。发起"第二次绿色革命"与实现"第一次绿色革命"相比,面临更多课题,涉及环境和资源保护、同时也承受全球气候升温压力。

40年前的"绿色革命"一说,是对先前20多年试图把发达国家农业技术应用和推广到发展中国家所获成就的概括和总结。

有关社会经济领域内的绿色革命的争论

人口论

美国斯坦福大学人口学和生物学教授保罗·埃利希在1968年,即"绿色革命"得名那一年出版一部专著,名为《人口炸弹》。

这部专著受18世纪英国经济学家托马斯·罗伯特·马尔萨斯的人口论影响,认定"为全人类提供食品的长期努力已告失败",预言全球数以亿计人口将在20世纪70年代和80年代死于饥荒。

涉及正在发起"绿色革命"的印度,埃利希写道:"我至今没有遇到熟悉情况的任何人，认为印度能在1971年实现粮食自给自足。"

他坚持认为，"印度在1980年以前不可能养活2亿以上的人口。"

对正在推动南亚次大陆国家印度和巴基斯坦发起"绿色革命"的诺曼·欧内斯特·博洛格，埃利希颇为不屑："那个人，也就是博洛格，对粮食生产所面临各种问题的严峻程度没有任何了解……没有人可以对生产（全人类）所需要的粮食产生任何重大影响。"

事隔32年，即2000年，博洛格告诉美国《理智》月刊记者罗纳德·贝利，埃利希所言是他当时受到的"最严厉批评之一"。

然而，《人口炸弹》成为国际畅销书，作者埃利希也因此成为知名人士。

相比之下，即使在1970年获得诺贝尔和平奖之后，博洛格依然不为多数美国人所知。美国媒体20世纪90年代末报道说，博洛格如果走在大街上，每100名美国人中恐怕难有一人会认出他。

以人口论为依据对"绿色革命"提出的异议或许隐含一种不便说出的观点，即增产粮食徒劳无益，实际效果是延缓对人口规模施以控制。

事实是，印度1971年接近于实现粮食自给自足，而全球范围内除非洲大陆以外，多数地区以后几十年再没有因为非战乱和非自然灾害因素而出现大规模饥荒。

再版《人口炸弹》之际，埃利希删除了预言印度粮食产量和全球饥荒的内容。据美国《国际先驱论坛报》2004年报道，埃利希表示，他为实际状况打破了他专著中的悲观预测感到"惊奇和高兴"。

博洛格1970年领受诺贝尔和平奖时承认，"我们正在应对两股相互对立的力量，即涉及粮食生产的科学力量和涉及人口增殖的生物力量。"

他当时预言，世界农业生产将有能力满足2000年全球人口对粮食的需求。2000年，他再次预言，凭借现有技术以及处于开发阶段的新技术，人类有望在2025年满足预计届时83亿人口的粮食需求。他解释说，他所作预言不会超出一定的时段。

环境说

"绿色革命"20世纪60年代得名，而以"绿色"为标志的环境保护运动则在80年代积聚势头。

"绿色革命"中所含"绿色",在一些环保人士看来并不呈现"绿色"。

"绿色革命"所援用的农作物高产新品种,基本特点之一是对氮有着更高的吸收和转化效率,不可能以单纯的"有机耕作"方式为来源,需要耗用化学合成肥料,辅之以防治病虫害的农药。

摈弃传统农业"靠天吃饭"的做法,更多使用人工灌溉手段,在一些地区会附带产生农田盐化、浸蚀和地下水位下降等问题。

在非洲,依照一些环保机构的看法,为适应高产农业需要而修建基础设施、包括公路,意味着威胁当地民众的传统生活方式、破坏热带雨林和原生自然状态。

另外,一些人士认为,大规模推广数量有限的高产作物品种,意味着放弃众多当地传统品种,既不利于维护生物多样性,又可能促使至关重要的育种技术集中由少数西方农业生产资料企业掌握。

针对种种非议,博洛格逐一加以澄清:

首先,如果弃用化肥,尤其是截至2000年全球用量大约为8000万吨的氮肥,全部改用牲畜粪便等"有机肥",需要额外养殖50亿~60亿头家畜,将会耗用难以计数的土地。

统计显示,全球1950年有农田大约6.9亿公顷,产出6.92亿吨粮食;全球1992年有农田7.0亿公顷,产出19亿吨粮食。这意味着,以不足2%的农田增量获得了170%的产量增加。

"没有高产农业,"博洛格断言,"粮食增产只有以急剧扩大种植面积方式才能实现,所耗用的土地恐怕百倍于都市化所耗用的土地。"

在他看来,以更少土地投入获得更多粮食产出,是最为环保之举。

其次,对高产农业所依赖的化肥和农药等农用化学品投入,多数发展中国家农民会比发达国家农场主有着更为强烈的成本意识,倾向于少用、而不是多用,似乎不至于对环境积累实质性破坏。

再则,人工灌溉所导致的问题,可以节水技术手段和经济调节手段加以纠正。

至于撒哈拉沙漠以南非洲地区的农业基础设施落后,尤其是公路不足,不仅制约农业,而且制约教育以及整体经济发展。

他告诉《理智》记者:那些反对在非洲建设公路的人士当属"极端分子",享受着"相当丰裕的生活",却声言非洲穷苦民众"不应有道路"。"我希望他们不只是背着行囊在灌木中远足1个星期,而是在那里定居,耗费余生、养育孩子。我们可以观察他们是否会改变想法。"

社会观

博洛格说,他在"绿色革命"中所发挥的作用,只是"朝正确方向作出调整,并没有把世界变成一个(理想化的)乌托邦"。

对于非议,他的评价是:"西方国家以环保为名义的院外活动集团一些成员确实是高尚人士,但不少人是自觉高人一等的'精英分子'。他们对饥饿从来没有切身感受,只呆在华盛顿或布鲁塞尔舒适的办公室套房内……"

"如果这些人在发展中国家的艰苦环境中生活哪怕1个月,而不必像我这样耗费50年,"博洛格认定,"他们一定会哭喊着要求获得拖拉机、化肥和灌溉水渠,进而愤恨自己国内那些时髦的'精英分子'居然试图不让他们拥有这些东西。"

领受诺贝尔和平奖之际,他告诉听众:"地球上有两个世界,即'享有特权的世界'和'被遗忘的世界',前者主要为富裕发达国家,人口占世界的25%~30%,生活在'伊甸园'外众生没有体验过的奢华之中;后者则主要是发展中国家,人口占世界人口总数一半以上,多数生活在贫困之中,常与饥饿相伴……"

世间的不公平,存在于发达国家与发展中国家之间,也存在于成功发起了"绿色革命"的发展中国家内部。

与传统农业相比,高产农业需要更多的农业生产资料投入,促成一些发展中国家农民对农业信贷的依赖。相对富裕的农民比较容易获得信贷,大宗购买农资时也容易获得折扣;相比之下,相对贫弱的农民可能会陷入债务泥潭,最终失去土地或者土地使用权。

特定经济社会结构之下,"绿色革命"加剧了农村贫富分化。

以印度最先发起"绿色革命"的旁遮普邦为例,据非政府机构估计,

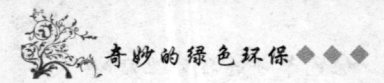

农民截至1970年5月积累的债务总计1000亿卢比（约合25亿美元），相当于全印度其他地区农民欠债总额的3倍。

1966～1970年间，旁遮普邦40万农民为偿还债务而出卖土地。

1950～1970年间，据法新社报道，旁遮普邦6万多名农民以自杀方式逃避债务。

20世纪70年代，印度稻米价格相当于每吨550美元；2001年，稻米价格降为每吨不足200美元。时下，米价大幅度上扬，但化肥和农药等农资也因为原油价格飙升而大幅度上扬，致使一些农民深陷绝望。

对印度等发展中国家的情形，博洛格早有判断，认为问题或许不涉及农业生产层面，更多出现在社会层面上。

世界最绿色城市

美国《读者文摘》近日公布全球"最绿色"国家和城市排名，北欧国家最重视环境保护和人民生活质量，尽管冬天严寒，芬兰仍是全球最适合居住的国家；而在"最绿色"城市排名中，香港名列第十八，为亚洲第一。

根据联合国发布的"人类发展指数"和美国耶鲁大学、哥伦比亚大学、世界经济论坛编纂的"环境可持续发展指数"，《读者文摘》委托美国环境经济学家卡恩综合考察了141个国家的空气、水质等环境因素，生产总值、教育、就业、平均寿命等社会因素，以及温室气体排放、对生物多样性的重视等指标，评估全球最适合居住的国家及城市。

结果显示，芬兰为最重视环保和居民生活质量的国家，当地的婴幼儿患病率低，在环境保护及预防天然灾害的相关政策拟定和执行上，亦表现突出，成为全球最适合居住的国家。

《读者文摘》同时考察了72个国际大城市的生活质量，前10名全部是欧洲城市，香港排第十八，是排名最高的亚洲城市，其次是东京，排第二十，新加坡排第四十五。

有关的评估是根据各城市的公共交通、城市公园、空气质量、垃圾回收和电费等作为指标。瑞典的斯德哥尔摩是居住质量最好的都会城市，其次是奥斯陆、慕尼黑和巴黎。

世界最环保城市项目

2008年1月，在阿联酋首都阿布扎比举行的"世界未来能源峰会"上，东道主首次向世人展示了即将兴建的全球最环保城市、有着"太阳城"之称的马斯达尔城的模型。根据计划，这将是全世界第一座完全依靠太阳能风能实现能源自给自足，污水、汽车尾气和二氧化碳零排放的"环保城"。阿联酋是世界最大石化产品生产国之一，却计划兴建世界第一座"零碳城"，这一反差引人注目。然而，曾经充满雄志的开发者们已经放弃了初衷，世界首个"零碳城"的计划搁浅了。

零碳零废物全球首创

该项目原计划于2008年4月动工，2015年完工，由阿布扎比未来能源公司投资兴建，同时也是世界自然基金会的可持续发展计划"一个地球生活"项目的一部分。"太阳城"耗资达数十亿美元，可容纳5万居民。负责设计这座城市的是71岁的英国现代派建筑大师诺曼·福斯特。福斯特说："马斯达尔城项目的环境目标十分远大——零碳和零废物，这是全球创举。这给我们带来了设计上的极大挑战。马斯达尔城项目为未来的可持续性城

未来马斯达尔城的布局模式

市设计设定了新的基准。"

太阳能风能发电空调

虽然阿联酋是世界第五大石油出口国,但马斯达尔城不会使用一滴石油,却能完全实现能源自给自足。城区内外规划建有大量太阳能光电设备,还有风能收集、利用设施,这样就能充分利用丰富的沙漠阳光和海上风能资源。"太阳城"建成后,城市周边的沙漠中布满无数太阳能光电板和反光镜,可以把太阳能转化为电能。另外,城市周围将种植棕榈树和红树林,形成一个环城绿色地带,在改善环境的同时,这些树木可以提供制造生物燃料的原料。在未来,竖立在大海与沙漠之间的众多大型风车也将成为这里一道独特的风景。

马斯达尔的太阳能建筑

阿联酋炎热的夏季每年长达 9~10 个月,太阳直射的地表温度在 50 摄氏度以上,空调降温耗能十分惊人。"太阳城"内采用了多种绿色降温手段。首先,城内狭窄的林荫街道纵横交错。不过提供林荫的主要不是树木,而是由覆盖在城区上空的一种特殊材料制成的滤网。其次,城中建设一种叫"风塔"的装置,利用风能、空气流动和水循环形成一个天然空调。第三,城中密布的河道和喷泉也能发挥降温增湿的作用。第四,城内街道设计得非常窄,一些地方甚至只有约 3 米宽,围绕城区,还种植了大量的棕榈树和红树，目的就是为了减少阳光直射、增加阴凉。

没有汽车行驶的城市

马斯达尔城市规划整齐划一，具有高效能，所有的建筑都限高5层，最大限度地减少能量消耗。12米高的城墙将马斯达尔城围起来，一如古代壮阔的城池。"太阳城"落成后，变成没有汽车行驶的城市。来访者把汽车停放在城墙外后，进了城就必须步行、骑自行车或乘坐无人驾驶的公共电车。这种公共电车在半空中的轨道上行驶，由于交通系统完善且布局合理，人们从任何一个地方前往最近的交通网点和便利设施的距离都不超过200米，小汽车在这里将毫无用处。

节能的设想甚至还惠及城外，一种电动铁路系统将连接马斯达尔城与周围城市的交通。由于消除了汽车废气，这里的居住环境简直就是新时代的"桃花源"。